教育部人文社会科学研究项目（项目批准号：22YJA760030）资助

# 长城

## 国家文化公园聚落景观叙事性设计研究

胡青宇 林大岵 李 磊◎著



河海大学出版社
HOHAI UNIVERSITY PRESS
·南京·

**图书在版编目(CIP)数据**

长城国家文化公园聚落景观叙事性设计研究 / 胡青宇，林大岵，李磊著. -- 南京：河海大学出版社，2023.12

ISBN 978-7-5630-8801-0

Ⅰ. ①长… Ⅱ. ①胡… ②林… ③李… Ⅲ. ①长城—国家公园—景观设计—研究 Ⅳ. ①TU986.3

中国国家版本馆CIP数据核字(2023)第250657号

| | |
|---|---|
| **书　　名** | 长城国家文化公园聚落景观叙事性设计研究<br>CHANGCHENG GUOJIA WENHUA GONGYUAN JULUO JINGGUAN XUSHIXING SHEJI YANJIU |
| **书　　号** | ISBN 978-7-5630-8801-0 |
| **责任编辑** | 周　贤 |
| **特约校对** | 吕才娟 |
| **装帧设计** | 张育智　吴晨迪 |
| **出版发行** | 河海大学出版社 |
| **地　　址** | 南京市西康路 1 号（邮编：210098） |
| **电　　话** | （025）83737852（总编室）（025）83722833（发行部） |
| **经　　销** | 江苏省新华发行集团有限公司 |
| **排　　版** | 南京布克文化发展有限公司 |
| **印　　刷** | 广东虎彩云印刷有限公司 |
| **开　　本** | 787 毫米 ×1092 毫米　1/16 |
| **印　　张** | 12.75 |
| **字　　数** | 302 千字 |
| **版　　次** | 2023 年 12 月第 1 版 |
| **印　　次** | 2023 年 12 月第 1 次印刷 |
| **定　　价** | 96.00 元 |

# 前言

长城以坚韧屹立、雄伟壮观的身躯为华夏儿女提供了可供瞻仰的物质形态遗存与可堪回望的精神家园。然而，当前对于长城的认识或呈现仅关注个别“名关险隘”，或陷入“一道长墙”的狭隘理解误区，再加上自然的侵蚀、人为的破坏，很难让人将其与心中的长城形象联系起来，根本无法反映出其自身的真实性和完整性。因此，保护“不仅包括单个建筑物，而且包括能够从中找出一种独特的文明、一种有意义的发展或一个历史事件见证的城市或乡村环境。”[①]《长城国家文化公园建设保护规划》指出：“在历史上长城的功能是多方面的，不仅是军事防御工程，也是发展商贸、文明互通的桥梁和各民族的家园，要通过研究阐释不断挖掘长城的精神文化内涵，讲好长城故事，弘扬长城精神，不断坚定文化自信。做好“长城＋”的文章，把建设长城国家文化公园与乡村振兴、美丽乡村建设结合起来，不断提高沿线群众的获得感、幸福感。”[②]由此看来，建设长城国家文化公园的基本动因在于“不断挖掘长城的文化内涵，讲好长城故事，弘扬长城精神”，因此，如何进行叙事就成为不可回避的重要命题。

长城聚落作为保证长城文化遗产完整性的重要组成部分，既是长城文化的重要空间载体与民众生产生活的人居场所，也是国家文化公园建设中人居环境改善的主体。时至今日，在长城沿线地区其正以众多主题明确、内涵清晰、底蕴厚重的历史文化名城、名镇、名村及传统村落、文保单位、文化生态保护区等发展体例、演变类型而流布于世。从现状来看，长城聚落虽然类型丰富、景观多样，但基本处于“遗珠遍野”的散布状态，不少聚落与周边景区通达性不强，难以对受众产生旅游吸引力、感召力。关注度较高的依然是获得高标准保护的“孤岛式”文保单体或游览热点，大量对于长城主题价值凸显极为重要的遗产资源，却因其隐性、分散、弱相关等特质造成价值显现度不足而被忽视。尤为值得注意的是，普遍存在的认为长城聚落是落后时代产物的价值“无用论”，追求全球化而导致建筑文化趋同的特色“消失论”，囿于巨额建设资金而忽视保护的文化“无为论”等认知误区，给长城国家文化公园聚落景观的保护利用造成了诸多限制。与此相伴，同质化保护导致的重复建设、碎片化开发引起的资源浪费，无序化利用造成的文化缺失、公众的“身份缺位”与国家文化公园的人民共享属性存在着矛盾，从而难以形成并展现长城聚落景观的完整价值和品牌效应，人们的原乡记忆、文化认同和集体归属感逐渐被扼杀，最终增加了对长城

① 张松．城市文化遗产保护国际宪章与国内法规选编 [M]. 上海：同济大学出版社 ,2007:42-43.

② 李冰洁．国家文化公园建设回顾与展望 [N]. 人民政协报 ,2021-01-07(10).

文化的解读、认知与传播难度。

当前，正在进行的长城国家文化公园建设为长城聚落景观的保护利用带来了恰逢其时的优化契机，通过对层叠交织的新旧信息进行深度挖掘，以实现由形式化的结构向日常体验逻辑的多种可行性转变，从而强化对长城聚落遗产系统和旅游体系的时空延伸；长城国家文化公园作为国家的形象，既是国家历史记忆、文化精神、观念价值的综合空间呈现，同时也能够带动日常体验与行为的地方具化实践。基于上述，以长城国家文化公园建设为指向、以聚落景观叙事为命题进行营造策略而非规范性概念的设计思考，从而在语境中诠释、编码和传承长城文化的隐含信息，在场景中以整体化的“地方性”构建来缝合零散、片面的文化景观断层，在情怀中构建家庭、地方、国家一体的长城文化认同。虽然我们无法给长城聚落景观营建提供标准的公式和答案，但或许能够启发一种新的设计理念和方法，构建长城国家文化公园话语和长城叙事体系，使长城聚落“登得上城楼、望得见古塔、记得住乡愁”[①]。

① 古城老巷中 习近平这样谈文脉保护与传承 [EB/OL].(2022-01-29)[2023-08-20]. http://politics.people.com.cn/n1/2022/0129/c1001-32343266.html.

# 目录

**第一章　国家文化公园与长城** …… 001

**第一节　国家文化公园建设背景、概念与内涵** …… 002

一、国家文化公园建设背景 …… 002

二、国家文化公园概念 …… 002

三、国家文化公园内涵 …… 003

**第二节　长城国家文化公园价值取向与功能** …… 005

一、长城国家文化公园 …… 005

二、长城国家文化公园价值取向 …… 005

三、长城国家文化公园多维功能 …… 006

**第三节　长城国家文化公园景观系统** …… 007

一、长城国家文化公园景观系统构成 …… 007

二、长城国家文化公园景观特性 …… 008

三、长城国家文化公园空间层级与景观重塑 …… 008

四、长城国家文化公园空间逻辑与景观生产 …… 009

**第四节　长城国家文化公园建设制约因素与现实矛盾** …… 010

一、制约因素 …… 010

二、现实矛盾 …… 011

**第五节　长城国家文化公园叙事** …… 014

一、长城叙事框架 …… 014

二、长城叙事问题 …… 014

三、长城叙事体系架构……015
四、长城叙事结构语言……016

**第二章　长城国家文化公园与长城聚落**……019

**第一节　长城本体**……020
**第二节　长城景观**……024
一、长城文化景观……024
二、审美意义与叙事文本……024
**第三节　长城聚落与国家文化公园主体功能**……026
一、长城聚落……026
二、长城聚落价值维度……027
三、长城聚落辨识与遴选……028
**第四节　长城聚落与国家文化公园的共生链接**……029
一、长城聚落分区与景观格局的共生……029
二、长城聚落与国家文化公园的链接……030
**第五节　长城国家文化公园聚落转换路径**……032
一、转换思路……032
二、转换方法……032

**第三章　长城国家文化公园聚落景观叙事关联框架**……035

**第一节**　叙事时空维度……036
**第二节**　从对象到场所……040
**第三节**　聚落景观叙事……041
**第四节**　叙事关联框架……042
一、空间维度层级——聚落空间结构要素的整体信息解读……042
二、时间向度层积——聚落历史演变特征的序列生成表达……042

三、时空网络关联——聚落时空结构系统的耦合优化方法…… 042

**第四章　长城国家文化公园叙事引导聚落景观时空耦合** …… 045

**第一节　“文化—空间”维度关联的叙事空间层级解读** …… 046

一、长城聚落景观分布与区位…… 046

二、长城军事聚落景观空间模式…… 065

**第二节　“文化—时间”维度关联的叙事历史层积表达** …… 080

一、长城聚落景观的叙事历史层积…… 080

二、长城聚落景观的叙事时间演进…… 086

**第五章　长城国家文化公园聚落景观叙事系统建构** …… 095

**第一节　长城国家文化公园聚落景观系统关联** …… 096

一、长城军事聚落…… 096

二、边外蒙地聚落…… 099

**第二节　长城聚落景观的叙事空间结构分析** …… 101

一、叙事全局——山水环境…… 101

二、叙事架构——聚落格局…… 108

三、叙事簇群——场所街区…… 111

四、叙事廊道——街巷轴线…… 122

五、叙事点核——公共地标…… 123

**第三节　长城聚落景观的叙事空间系统建构** …… 127

一、聚落景观叙事空间建构…… 127

二、空间维度的聚落景观叙事“层级语法” …… 127

三、时间维度的聚落景观叙事“层积机制” …… 131

**第六章　长城国家文化公园聚落景观现状与价值** ······ 137

**第一节　长城国家文化公园聚落景观资源现状** ······ 140

一、长城聚落资源类型 ······ 140

二、聚落资源类型构成 ······ 140

三、聚落资源划分方法 ······ 141

四、聚落资源系统整合 ······ 141

**第二节　长城国家文化公园聚落景观资源价值** ······ 143

一、长城聚落景观价值因子 ······ 143

二、长城聚落景观价值认知 ······ 144

三、长城聚落景观价值评估 ······ 146

**第七章　长城国家文化公园聚落景观的叙事性设计研究** ······ 151

**第一节　长城国家文化公园聚落景观叙事系统** ······ 152

一、景观叙事体系 ······ 152

二、主题框架阐释 ······ 154

**第二节　长城国家文化公园聚落景观叙事设计原则** ······ 155

一、整体性——城市与乡村共栖 ······ 155

二、融合性——文化与旅游共融 ······ 155

三、耦合性——整体与局部共存 ······ 157

四、功能性——生态与人文共生 ······ 157

五、旅居性——社区与游客共享 ······ 159

**第三节　基于语汇整合的梳理——长城聚落景观空间的叙事线索挖掘** ······ 161

一、语汇整合 ······ 161

二、叙事线索 ······ 164

**第四节　满足语义生成的考量——长城聚落景观空间的叙事场景认知** ······ 168

一、语义生成逻辑 ······ 168

二、叙事文化场景 ······ 169

第五节　基于语法组织的描述——长城聚落景观空间的叙事情节编排…………172
一、叙事语法组织…………172
二、叙事编排类型…………173
三、叙事情节逻辑…………175
第六节　增强语境织补的体验——长城聚落景观空间的叙事设计表达…………178
一、整合自然生态环境——叙事全局…………178
二、完善空间景观格局——叙事架构…………179
三、关联重要叙事节点——叙事点核…………180
四、统筹景观设施风貌——叙事廊道…………182
五、再现文化习俗脉络——叙事簇群…………185

参考文献…………187
后记　生活在长城与景园之间…………192

第一章

# 国家文化公园与长城

# 第一节

## 国家文化公园建设背景、概念与内涵

### 一、国家文化公园建设背景

国家文化公园作为我国新时期打造国家文化标识、承载国家和民族记忆、讲述和传播中国故事的重要战略性文化工程，“是我国在民族伟大复兴、文化强国和文旅融合发展的背景下首创的全新概念，是中国文化遗产话语在国际化交往和本土化实践过程中的创新性成果，同时，也是我国在遗产保护、文化传承领域对国际社会提供的中国智慧和中国方案”①。2017 年 1 月，中共中央办公厅、国务院办公厅印发的《关于实施中华优秀传统文化传承发展工程的意见》中首次提出“规划建设一批国家文化公园，成为中华文化重要标识”，同年 5 月，国家文化公园被列入《中华人民共和国国民经济和社会发展第十三个五年规划纲要》和《国家“十三五”时期文化发展改革规划纲要》。2019 年 7 月，中央全面深化改革委员会第九次会议审议通过了《长城、大运河、长征国家文化公园建设方案》，正式从顶层设计层面开启了国家文化公园建设的宏伟叙事。《方案》指出，国家文化公园建设，就是要整合具有突出意义、重要影响、重大主题的文物和文化资源，实施公园化管理运营，实现保护传承利用、文化教育、公共服务、旅游观光、休闲娱乐、科学研究功能，形成具有特定开放空间的公共文化载体，集中打造中华文化重要标志，坚定国家文化自信、增强国民文化认同。2021 年 3 月，建设国家文化公园作为繁荣发展文化事业和文化产业，提高国家文化软实力的重要举措，又被纳入《中华人民共和国国民经济和社会发展第十四个五年规划和 2035 年远景目标纲要》，标志着高质量推进国家文化公园建设成为“十四五”期间文化领域的重要战略部署。至 2022 年初，我国已经形成了长城、大运河、长征、黄河、长江五大国家文化公园的总体建设布局。

### 二、国家文化公园概念

国家文化公园是以传承弘扬优秀文化、加强重要文化和自然遗产、非物质文化遗产系统性保护为主要目的，突出公益性和开放性特征，经国家有关部门确立的以国家名义进行

---

① 刘鲁，郭秋琪，吴巧红 . 立足新时代，探索新路径——“国家文化公园建设与遗产活化”专题研讨会综述 [J]. 旅游学刊 ,2022,37(8):150–158.

认定并建设的综合遗产与周边区域社会经济价值、自然生态系统、历史文化内涵、观光娱乐功能的文化发展战略和复兴平台①。从宏观理念层面来看，对内强调民族化和本土化，服务于实现中华民族伟大复兴；对外适应国际化和普遍化，促进世界文化之间的交往和文化多样性的保有与存续。从具体实践层面来讲，通过把文化遗产物理空间转化成文化和旅游体验空间，从而增强参观者对文化资源和文化遗产的深度了解、感知和体验，实现国家文化公园与游客精神文化的深度链接，同时兼顾与当下居民生产生活的深度融合，使人们在游览、体验、栖息过程中感受文化、体验文化、领悟文化，最终以传承文化认同的国家记忆来增强中华文化自信。

从本质来看，国家文化公园建设是我国在全球化背景下的文化战略因应和政策表达，必然涉及最基础的价值判断与选择问题。一是文化复振战略的具体性实践，将传统文化和现代文明相连接，将单体遗产和地方文化纳入具有统一主题的国家文化遗产体系当中，成为多样文化和不同地域之间交流共存的纽带，使文化遗产从松散集合转向功能性的有机整体，最终将本土化与世界性相融通构建文化共同体。二是文化遗产保护的本土化实验，本土化建设过程中应充分尊重当地居民的生存发展权，将国家文化公园打造成为独具中国特色的历史文化标志、人民精神家园和文化体验空间，在遗产、民族和国家命运之间建立起桥梁，形成命运共同体。从操作来说，国家文化公园一般是在已有的自然保护区、地质公园、森林公园、风景名胜区、考古遗址公园、历史文化名城名镇名村等自然生态与历史文化遗产基础上进行建设，通过整合多种资源实现旅游、休闲、研学、景观、生态等多重功能。从内容来讲，国家文化公园则围绕核心主题，能够同时把物质与非物质文化遗产、传统文化与现代文化、核心区文化与周边文化融汇组合，强调将不同区域的资源点统摄到同一主题下，具有跨地理、跨区划、多支撑的结构特征。

## 三、国家文化公园内涵

“长城国家文化公园建设作为集中体现国家性、文化性和公共性的宏大时空叙事表达，也是重要的体现中国道路话语体系的文化治理模式创新”②，兼具国家象征、文化内涵以及公园权属三重属性，强调通过“国家性”展示宏观格局、“文化性”强化情感关联、“公共性”复合在地功能等三个维度形成内在逻辑框架。

一是国家性。国家文化公园作为传承中华文明的历史文化标识、凝聚中国力量的共同精神家园、提升人民生活品质的文化体验空间，集中体现国家形象、国家意志、国家格局与顶层设计行为，充分彰显中国特色、中国风格、中国气派。国家文化公园建设强调的是超越了某种单一地域、族群或历史时期的文化遗产资源后所反映的整体性文化意义和集成性文化价值，建构起文化建设中“国家在场”的宏大时空叙事表达，从而凸显国家文化公园的国家象征，传播其国家品位和国家意味，最终提升中华民族文化自信、实现国家文化

① 张祝平．黄河国家文化公园建设：时代价值、基本原则与实现路径 [J]. 南京社会科学 ,2022(3):154–161.
② 杨洋，沈涵．国家文化公园研究现状及趋势 [J]. 中外文化交流 ,2022(4):25–28.

价值的高度认同。同时，国家性建构充分体现“以人民为中心”的宗旨，把人民大众是否满意作为评判标准，“国家文化公园不能脱离群众，要融入民族和社区，贴近群众的生活，充分体现当代生活所散发的环境品质和人间烟火”①，以满足人民大众的文化获得感和生活幸福感。

二是文化性。“文化”代表着本质属性与显性特征，文化内涵的界定理念也从“文物保护”转型为“文化空间发展”，从单一的遗产资源点转向注重其所承载的文化意义。因此，亟需辨析其具体化的导入性价值及本土化范式，选择从“文化”角度对历史文化遗产加以审视。从文化价值来讲，国家文化公园的文化性体现并彰显了国家民族文化精神、文化符号和文化认同；从文化功能来说，即国家文化公园具有“以文化之”的作用，通过综合性的文化功能培育中华民族文化共同体，其目标是以文化基因的认识和文化价值的认同，以整合自然、物质还有非物质文化遗产来构建共同的情感关联与精神追求，诠释中国故事中的传统价值和时代意义为旨归；从文化范式来看，通过激活文化特质并使其具象化来反映中国自身的文化特征、价值和诉求，有助于对内凝聚精神力量、对外扩大文化影响；从具体实践来看，基于空间场景、文化因素和时间节点，既强调载体断裂与差异求真，同时又重视连续的文化特征与形态。

三是公共性。作为赓续历史、拥抱当下、开启未来的“传世工程”，国家文化公园因“大众性”而属全民所有，在文化传承与旅游发展过程中，为全体民众（本地居民与外地游客）提供平等的生产生活、深度参观、体验景观文化的机会，不仅成为地域民众之间的文化纽带和精神家园，也强化了民众身份符号、群体认同、文化记忆以及与国家之间的情感联系意识。对空间权属而言，国家文化公园通过打造主题明确、内涵清晰、功能完善的公共空间系统和平台载体，整合了沿线区域文化资源。虽然各地地域资源、文化特色及事件主题不同，但公园性系统会将所属空间统一起来实现文化与社会、文化与生活、文化与人民的深度融合，为大众提供了解、感知、体验历史文化以及作为国民福利的游憩机会，鼓励公众参与，实现全民受益。

① 程遂营，张野．国家文化公园高质量发展的关键 [J]. 旅游学刊 ,2022,37(2):8-10.

# 第二节

## 长城国家文化公园价值取向与功能

### 一、长城国家文化公园

长城国家文化公园作为我国五大在建国家文化公园之一，既是长城文化的重要载体，也是传播与传承文化、展现文化自信的重要媒介，通过充分挖掘和体现长城的文化价值、精神内涵、象征意义，使长城国家文化公园成为我国优秀传统文化的展示平台。从实质来讲，长城国家文化公园并非一种线性的文化遗产，而是特定社会历史条件和自然生态环境下的时空产物，与周边区域环境、历史聚落、经济基础、风土人情、社会形态、人文内涵等密切关联。因此，其建设不能仅限于“本体”修缮或“点景”营建，更应当基于文化、旅游和生态三重基本属性，按照文化为核心、生态为根本、旅游为延伸的嵌套式结构，把长城沿线自然景观、文化遗产和聚落资源相融合，纳入具有统一主题的国家遗产体系之中，通过构建历史文脉、文旅业态、生态环境交融的整体空间结构，凸显长城国家文化公园历史文化的整体价值。长城国家文化公园整体呈现出系统性的内在逻辑与外在纽带的体性关系，历史的关联性和事物的连续性是体现长城文化遗产“整体性”“原真性”两个原则不可或缺的要素，因此，长城文化遗产保护利用是由众多物质性的空间遗存和非物质的时间因子共同组成的动态复杂的系统，任何单一的历史“点”性片段都难以完整展现长城的全部价值，当然也要兼顾片段极强的在地化文脉特征。在具体建设中，横向空间上涉及长城生态环境的保护修复、文化遗产的保护传承、文化内涵的深入挖掘以及文化产业的创新发展等多个方面，注重的是文化分布的多样性、层次性；纵向谱系中涉及文化资源保护、文化遗产展示、文化旅游融合和文化生态建构多个层级，讲求的是文化序列的完整性、延续性。

### 二、长城国家文化公园价值取向

在《长城国家文化公园建设保护规划》中，明确要将“长城国家文化公园建设成为彰显中华民族精神永续传承的重要标志、全球线性文化遗产保护的重要典范、增强中华文化自信的重要载体、促进中外人文交流互鉴的重要平台”[①]。作为中华民族代表性的符号和中

① 刘海红 . 长城国家文化公园 ( 宁夏段 )：打造彰显中华民族精神永续传承的重要标志 [N]. 中国文化报 ,2022-06-23(8).

华文明的重要象征，长城国家文化公园价值实现的本质过程是通过公园区域的长城文化资源整合促进文化系统的迅速发展，实现从形式文化区到功能文化区的统一，以此来增强长城文化的内凝聚力和外扩散力。文化和旅游亦即成为内涵丰富、外延广泛的两大价值取向，从而实现延续遗产文化基因、传承长城文化精神，增强国民文化自信的根本目标。值得注意的是，首先要克服惯性思维，警惕绝对保守的文化“教旨主义”；其次要防止简单思维，提防片面的旅游“虚无主义”，而应做到和合并举。实际上，文物价值并不完全等同于旅游价值，应对长城国家文化公园这一创新命题建立起合规律性与合目的性的统一分析框架。宏观层面构建文化旅游的生态链，引导以创新为导向的要素聚集和联结，优化要素关联模式来提升长城文化创造力的聚集和外溢，实现文化旅游的跨域融合和整合；微观层面实施文化开发的地方性，利用在地化融合及叠加传播效应，突出地方特质和资源优势，包括长城文化遗产、生活生产方式、民俗文化活动等与旅游的功能融合，形成差异性的区域特色和文化品牌。

## 三、长城国家文化公园多维功能

长城国家文化公园融合了不同地域的生态资源、文化资源以及人类实践活动，是由长城历史事件串联而成的具有多维功能的大型文化遗产空间。其一，这是彰显文化自信的伟大工程。现实中，跨区域的文化遗产往往在区域范畴中被人为地割裂，大量长城文化遗产处于“遗珠遍野”的散落状态，忽视了其内在的历史和文化联系性，造成遗产文化整体性的严重缺失。通过国家力量建设长城国家文化公园，并将其建成为中华文明的重要标识，这是向世界宣示长城文化认同与文化自信的最好方式。其二，这是贡献综合保护的中国方案。长城国家文化公园的创新体现了中国知识谱系之国际话语权的建构。相较于我国创立的物质文化遗产的“保护单位”制度、非物质文化遗产的“名录”制度等单体遗产保护类型，国家文化公园保护的主体层级更高、空间尺度更广，是文化遗产保护知识谱系的延伸与发展。其三，这是构建文化认同的有效途径。在统一的多民族国家形成过程中，农耕与游牧民族沿着长城带汇聚交融。长城国家文化公园以公园“共同体”的形式进行整体性保护与利用，充分体现了多民族文化共创与认同的特征，进而成为中华民族共有的文化认同的精神家园。其四，这是提升文化生态的重要手段。当前，不少地方过度追求经济效率和形象工程而进行盲目开发，导致长城文化遗产生态环境遭到人为破坏，长城国家文化公园以系统性和整体性保护为手段，可以破解长城文化遗产保护发展的困局。

# 第三节

# 长城国家文化公园景观系统

长城国家文化公园景观作为遗产的重要辨识性特征，是其在不同语境的建构方式以及对长城进行生态、经济、社会和文化等不同层面相关性的改造和改变，它是一个具有历史连续性的不同时代特征的叠加过程。

## 一、长城国家文化公园景观系统构成

长城国家文化公园由自然生态系统和人文社会系统组成，是承载生态安全、文化保护功能的重要节点，具有提升生态环境质量、保护长城文化的重要作用。作为我国维系生态功能、传承传统文化的关键区域，长城沿线生态环境、生物多样性以及人为活动留下的与长城相关的文化遗存和各类活态文化表现形式亟须保护。

### （一）自然生态系统

长城国家文化公园涉及空间地域广袤多样，自然资源丰富多元，广大的场域为多元一体的大结构、大体量保存了大尺度的自然基础和生态基因。长城穿行于中国东北、华北、西北地区地貌阶梯转换处，跨越了河西走廊、陕甘黄土高原等人文地理区域。截至2022年底，其沿线拥有国家地质公园30项、国家森林公园84座、国家自然保护区35个、国家风景名胜区17个、国家3A级以上旅游景区408个、中国重要农业文化遗产18项，在生物多样性、地质多样性及景观多样性等方面具有无可比拟的优势。因此，长城国家文化公园建设中，需要运用全局思维将长城文化资源禀赋与周边自然生态环境进行整体融合，从空间管控视角将遗产保护和沿线生态环境修复优化相结合，实现山脉、植被、河湖、溪流生态空间及长城、道路、聚落等文化空间的统筹协调，促进生态保护修复与文化传承共荣共生。

### （二）人文空间系统

长城形成天然与人工相结合的防御屏障时，集合攻防、戍边、互市、民俗等多重边塞文化特征的长城人文空间应运而生，兼具空间性、时间性、文化性。作为文化性的公共空间载体，又包括自然环境、物质标识和精神文化在内的三种建构空间类型。自然环境空间是承载其他物质和非物质文化的场域，物质标识空间以在历史中形成的物质性文化资源对应功能区域的建设，精神文化空间对应丰富多彩的非物质文化遗产、传统民俗和传统文化衍生。其中，尤其是文化系统，需要长城国家文化公园将燕赵文化、三晋文化、秦陇文化、河套文化、河西走廊等文化区有序串联起来，统筹考虑长城文化资源禀赋、人文历史、区位特点、公众需求，按照主题一致性制定规划和营造方案，使长城沿线文化景观串珠成线、连线成片，实现系统性、协调性和可持续性，并保有地域资源的差异性、多元性和丰富性，形成集文化资源保护、文化遗产展示、文化旅游融合和文化生态涵育的长城国家文化公园景观。

## 二、长城国家文化公园景观特性

长城国家文化公园依托坚实的地域联系、磅礴的文化载体和稳定的情感认同，以文化建设推动区域内地缘、文缘、情缘的整合统一。地缘衍生文缘，长城地带的地理环境提供给农、牧生产生活广阔空间，并促使中华民族多元一体格局走向成熟；文缘凝聚情缘，长城在人类活动、文化生成过程中积淀了厚重多层的情感，投射出多样的来自不同个体、族群的心理、观念和思想；而情缘“反哺”、强固文缘和地缘关系，成为地缘位置、文缘关系的内化和整合。其中，地缘特性指向生存环境的孕养，即以特定的地理空间、水文地脉等自然条件为基底产生地域联系，也为后天的人类改造活动建立起特定的联系渠道，形成了长城文化的特定空间范围；文缘特性指向文化背景塑造，长城连接起农耕与游牧等不同的文明区块，文化因为族群迁徙、商品交换甚至战争等形式跨区域流动、传播和扩散，互相接触碰撞、交流融合，创造出更具统合性的文化自觉；情缘特性追求情感价值认同，共享的长城活动地域能够产生情感上的认同感和归属感，建立起具有广泛性和代表性的文明共同体，使长城从边界的区隔标识向凝聚中心的文化标识转变，从而建构有机的文化联系和整体性认同。

## 三、长城国家文化公园空间层级与景观重塑

文化空间层级对应具体功能实践，长城国家文化公园核心层蕴藉的核心价值与特色交汇形成了丰富多样的文化场景，而外圈层由于和长城文化资源的有效整合度不高而呈现出碎片化特征。因此，应选择具有突出文化价值、鲜明文化特色、重要文化影响，能够充分体现长城文化真实性、完整性、延续性的长城聚落资源富集核心区，积极打造文化遗产保护、展示、传播和服务平台来形成主体功能区。在此基础上通过做点、串线、连面形成长城聚落文化协同网络，同时，充分发挥重要节点聚落对外连接和窗口作用，跨越地理地域和行政隶属限制，加强外圈层多维空间的文化辐射，推动整个区域的文化认同与协调发展。由于长城文化遗产经历繁复历史的变迁叠加，长城景观的文化重塑旨在从宏观与微观维度、物质与非物质层面深入认识长城遗产概念、定位长城价值取向、丰富长城文化内涵，

与生态、生产、生活等融合构建特定景观复合体，与长城环境功能相关的山体水系、林地农田等区域环境要素是长城景观的自然生态系统，与长城防御功能相关的长城聚落物质文化遗产、非物质文化遗产等构成长城景观的文化生活系统，与长城旅居功能相关的产业空间、交通路径、服务设施等构成长城景观的文旅业态系统，从而兼顾生态保护、民众生计、大众旅游及文化复振。

## 四、长城国家文化公园空间逻辑与景观生产

### （一）空间逻辑

作为空间、符号和价值的载体，长城国家文化公园空间的使用价值并不唯一，还应囊括空间本身的文化、体验价值以及再生产性。关于长城空间的生产，需要在物质空间基础上注入长城文化，通过空间表征来建构优质的公共文化空间，综合旅游者的外在认同与居民的在地建构共同构成社会空间。可借鉴列斐伏尔的“空间三重辩证”逻辑框架，从物质空间、文化空间、社会空间三个层面展开探讨[①]。一是物质空间实践，文化认同的前提与基础是文化自觉，即人们通过长城文化基因挖掘来进行触动公众国家情怀的空间表达。二是文化空间表征，利用现有文本符号构想出象征性空间，以此表达概念性、象征性的长城文化，传递实现长城文化传承及价值观塑造。三是社会空间重构，“社会空间融合并超越了物质、文化空间，传统的生产生活空间转变为旅游消费空间，旅游者开始介入并与居民共同成为空间使用者”[②]，蕴含着人与人、人与群体、人与社会的多重伦理关系。

### （二）景观生产

长城国家文化公园建设离不开时间维度下与之相关的文化记忆解构与形态重构，以及空间维度上的文化空间生产与景观营造。文化记忆确定了长城空间布局的重要依据，空间生产则暗含着长城主体与环境的关联互动。首先，对不同时期、不同类型文化资源的筛查与容纳是提升长城文化空间生产包容性、层级性的关键；其次，长城国家文化公园建设也需要融入民众日常生活取得集体认同，尊重民众的价值追求和需求表达，推动个体与集体、地方与国家记忆的社会价值互通融合；最后，强化特定情境、语境下的文化记忆实践作为空间生产避免同质化的依据。因此，在长城文化场域中，文化记忆与文化空间的交互作用激发出长城景观的融合内生动力，融合指涉长城多元文化包容共生的能力，一是实现不同文化空间在长城文化集聚效应的同时与自然空间得以融合；二是新生文化空间成为文化记忆的载体，文化记忆则赋予新生空间内涵与意义。

① 列斐伏尔 . 空间的生产 [M]. 刘怀玉等 , 译 . 北京 : 商务印书馆 ,2021.
② 蒋金桦 , 张燕 . 国家文化公园建设背景下长征文旅空间的重构研究 [J]. 旅游论坛 ,2021,14(6):81–92.

# 第四节

## 长城国家文化公园建设制约因素与现实矛盾

当前，“长城国家文化公园建设基本完成了理念上的宏观构想和空间上的总体布局，开始转入各区域的实际建设阶段”①。但在此过程中也暴露出一系列值得注意的现实问题。

### 一、制约因素

长城与所在区域的环境唇齿相依，由于自然因素破坏、人为因素损毁的趋势不断加剧，直接影响了长城国家文化公园的对外整体形象。具体表现为以下三点：一是文化面貌。长城沿线地域广阔、地处相对偏远、生态环境脆弱、社会经济发展滞后。当前，长城文化资源调查工程基本摸清了所辖地区遗存的类型、数量和状况，相关资源呈分散状态，偏远或险峻的地理位置使大部分文化资源之间以及与周边景区的联通性、可达性不强，难以产生对受众的吸引力和感召力，对周边社区的带动辐射力较弱。目前，关注度较高的依然是获得高标准保护的遗产单体，长城的完整性面貌仍处于未知和碎片化的状态。二是文旅需求。由于对长城的保护意识薄弱、基础史料支撑不足和长城遗产流布分散等原因，导致长城聚落资源整合程度较低，本体亟待保护维修、周边环境亟待改善整治、交通路网亟待完善通达。长期以来，长城旅游停留在以视觉体验为主的著名景点的本体参观和原貌观光，忽视了长城区域生活方式、传统民俗和精神文化认知层面的演绎传承、情感体验、活态利用，并未将文化遗产的“原真性”和“场所精神”有效的外显。三是人居景观。由于历史上政权更迭、战乱纷扰、现代文明冲击以及自然环境的恶化，长城聚落的空间功能与主导地位逐步衰落，其公共服务与基础配套设施相对缺乏，从而导致纯粹的“点”式样保护造成文化遗产与居民生活的隔阂。基于此，应因地制宜地考虑地域广泛性、文化多样性及资源差异性，将长城文化内涵全方位、多角度、多形式地展示出来。

---

① 祁述裕，邹统钎，傅才武，等．国家文化公园建设热中的冷思考：现状、问题及对策 [J]. 探索与争鸣 ,2022(6): 4–29+177.

## 二、现实矛盾

### （一）狭指与泛化——文化空间边界难定

国家文化公园不仅是国家的战略安排，同时又涉及地方实践，故容易导致公园空间范围的不确定性。例如，规划范围划分的空间单元及划分范围的标准存在着差异，有的以地市为单元，有的以区县为单元；有的将辐射区包括进规划范围内导致体量过大、过广，有的仅限于长城本体热点“孤岛式”和冷点“边缘化”的狭指。究其原因，不外乎由于长城所在地区历史和文化脉络复杂，各地只能模糊处理，虽然有利于因地制宜，但也导致了各行其是。而管控保护、主题展示、文旅融合、传统利用四类主体功能区更是存在着空间上的嵌套重叠，除了管控保护区具有较明确的空间边界外，其他三者的边界范围在规划层面上并没有实现空间上的落地，造成国家文化公园跨区域的形象定位难以清晰，各点段之间难以衔接，文旅公共空间景观网络难以串联。文化区域的空间不是以行政区划确定的，强调的恰恰是“非确定空间性”，因此，需要处理好超区域播散性“文化空间”边界与确定性“地缘空间”边界的矛盾关系。首先，构建长城文化分区、分类、分级保护资源谱系。分区以重要水系和山脉为地理单元划分片区，分类根据资源类型、属性和呈现方式进行分类，分级按照价值等级及流布特点划分层级。其次，围绕四类主体功能区建设，结合重要遗址遗迹、历史文化名城名镇名村和街区的内容，制定遴选准入标准和认定标准并进行系统布局。最后，基于长城本体线、驿传线和烽燧线使长城与国家文化公园有效衔接与联动。当然，随着认知的不断深化，文化遗产空间范围划定应为多元动态、活化共享的过程。

### （二）符号与本相——资源分散难以统一

“文化符号是人类特有的文化表达方式，依靠符号媒介，某种文化意义得到集中的表达和传播。”[①] 国家文化公园建设依托自然和人文地理媒介，为不同的地域性文化认同圈提供了一个统一而宏大的文化符号，将沿线众多地域性系统中的文化符号有机地联结、凝铸起来，文化符号已经成为长城文化传承和创新的重要记忆纽带。然而，当前对于长城国家文化公园的文化内涵理解并不统一，要么将长城文化与地域文化割离而论，倾向于“单体”“单段”“单类”的长城资源；要么将长城文化与地域文化简单累加，导致对长城文化的理解过于宽泛。因此，首先要保护、梳理、研究长城文化遗产蕴含的文脉，使之明确各自的身份和基因，并结合文化场所来凸显文化符号识别度；其次要以时间维度和空间维度构架长城聚落文化的完整系列及时空框架；最后依托具有重要影响的长城聚落资源为节点，与长城文化旅游线路设计相整合来统筹文物和文化资源，营造丰富多元的文化旅游体验。规划期间，我们不能仅限于对遗址遗存的关注，还应关注在长城发展史上产生过重大意义、

① 孟爽．国家文化公园视域下中国陶瓷文化遗址保护与开发 [J]. 今日国土 ,2022(Z1):41-44.

重要影响的人物、事件，实现“空间的价值生产”，即让空间产生价值，催生传播媒介以扩大社会影响，使长城文化遗产通过一定的文化传播成为一种文化符号，再经由文化符号形成文化认同和集体记忆，最终打造成中华文化的重要标识。

## （三）生产与消费——活化利用同质竞争

长城文化资源虽然数量庞大、类型丰富，但是缺乏有效开发利用和区域互动发展，特别是文化资源的发掘、文化品牌的建设、文化价值的衍生，以及文化基础设施和公共服务的完善等方面更是相对不足，究其原因，主要是行政壁垒的区隔和属地治理的冲突。同质化保护导致重复建设、零散化开发引起资源浪费，难以形成聚落文化品牌效应，遑论对周边区域发展的带动作用。国家文化公园作为一种文化空间，既要展示出丰富的自然与文化历史遗产“存量”，又要体现出新时代文化符号塑造、文化遗产保护的创新“增量”。这种国家文化层面生产的“当下性”需要与地方行动层面的“未完成性”深度融合，需要集中聚落文化资源，依托聚落群集聚优势，跨区域合作来寻找文化同质化问题的解决路径，并通过有效的设计体系实现文化资源的优化配置和再生产。因此，对于偏远落后、经济欠发达地区来说，建设长城国家文化公园无疑是一个重大的、长远的历史发展机遇。

打造长城文化精神的传承之地和文化资本的增值之地，应从文化存在到文化符号的认知与呈现、从文化资源到文化资本的转化与创新、从文化价值到文化效益的迭代与升华入手。其一，文化符号是文化精神、文化底蕴和文化特色的直接呈现，是实现价值在文化存在中的认知意义所在。文化符号的提取需要以区域文化作为根基，提炼有特色、有内涵的文化标识。文化符号的呈现，可以通过故事叙述、体验认同等多途径、多维度、多形式的载体来生动再现文化符号所蕴含的精神、理念及价值观。其二，文化资本是指对文化资源的优化配置所形成的文化生产、文化服务，文化资本通过市场生成经济价值，让当地原真、完整的文化资源世代传承。文化资源转化为文化资本，应该具备系统基础之上的“编码”性和“解码”性，有效提升国家文化公园的市场价值、附加价值和带动价值，实现发展成果共治、共享、共有。其三，长城国家文化公园建设的核心是实现长城精神的时代显现和长城文化的价值再现，其文化导向功能、文化凝聚功能、文化激励功能和文化品牌功能等多维效应在此过程中迭代与升华，从而不断促进长城精神的传播和文旅效益的实现。

## （四）宏观与在地——管理文件政出多门

基于现实考量，长城国家文化公园作为具有“大结构叙事”超级体量的公共文化空间，一方面涉及与世界文化遗产、大遗址、国家考古遗址公园、重点文物、国家级风景名胜区、国家旅游景区、国家级文化生态保护区等已有文旅项目之间的区域联动与协同统筹问题；另一方面其往往跟城区或农村地区重叠，部分聚落与耕地保护、城镇开发空间范围存在交叉，甚至与当地居民的生产生活存在一定矛盾，可转化利用的基础囿于土地政策限制，项目用地问题很难解决。因此，国家文化公园建设既要强调国家宏大叙事的整体性，又要强调各个区域、板块之间的互补性，并与地方特色、活态文化基因相结合。目前存在着跨地域分散化，非连续、非均质分布的文旅资源赋存凹地，也存在着以地区为中心集中连片，或分层分布的文旅资源富集区域布点不平衡的发展特征。但是，地方区域性和根植性的差异恰是国家文化公园打破区划空间限制，形成错位发展的动能来源，文旅资源禀赋和经济发展要素的引致作用开始凸显。基于此，应对长城国家文化公园不同的资源赋存区域采取差异化发展路径和契合策略，以避免长城聚落记忆的消失和聚落面貌的雷同。

# 第五节

## 长城国家文化公园叙事

习近平总书记指出，要加快构建中国话语和中国叙事体系，用中国理论阐释中国实践，用中国实践升华中国理论，打造融通中外的新概念、新范畴、新表述，更加充分、更加鲜明地展现中国故事及其背后的思想力量和精神力量①。长城拥有丰富的文化内涵和叙事文本，如何通过建构叙事体系讲好长城故事成为国家文化公园建设的重要任务。通过深入挖掘长城价值、提炼长城基因、解译长城文化、讲述长城故事，从而创新中华文化向世界传播的情感叙事结构和“媒介”。

### 一、长城叙事框架

中华民族聚落文化是培育共同体意识和国家文化认同的重要叙事空间，因而，构建对长城的整体印象认知，离不开从全域角度向民众叙述长城文化的阐释体系。从叙事学视角来看，完整的长城叙事体系包括确立叙事主体、明晰叙事内容、构建叙事主题以及结合场景开展的叙事活动，并结合景观空间营造体系准确有效地传递长城聚落景观文化信息。首先，围绕长城文化叙事主题，依托长城区位与时代分布打造长城文化主题游览线路。其次，通过线路的空间划定来界定具体的叙事主线，完善聚落景观系统相应的设计逻辑。再次，借助相应的叙事片段与叙事语法对长城聚落景观的空间结构进行编排，明晰相应节点流线以及体验次序。然后，通过对景观空间的具体控制，满足受众对于具体场地的方向、功能、内容的认知，强化对长城叙事以及信息传递的展现能力。最后，依据不同长城段落阐释的主题类型，合理、适度地对功能设施进行相应布局，并对叙事基础设施的规模体量、建筑风格等提出控制与引导要求，完成整体叙事设计体系的建构。

### 二、长城叙事问题

如何将“长城”这个代表中华民族的超级符号活化，如何讲述长城故事，如何与长城展开对话并唤醒文化记忆，已经成为当前长城国家文化公园的建设指向。长城文化的符号

---

① 田鹏颖 . 加快构建中国话语和中国叙事体系 [N]. 光明日报 ,2021-06-07(2).

活化并不指向抽象的虚构，也不局限于写实的聚落遗址、景观遗存、文物遗迹的展示，而应既有微观具体的观照，又有宏大时空格局与关联事件影响的深入思考与表达。对长城的讲述，应当在时间和空间的基础上伴随着历史事件而产生，而非仅作为记录描述的文本，同时应重点考虑具有重大历史意义和文化价值较高的历史事件发生片区，并将各个片区串联起来，在空间上形成完整的叙事线路，实现文化体验在时空序列的连续性和完整性，针对空间、时间和地域各个节点赋予“长城”主题实践不同的意义。而在唤醒文化记忆的过程中，外向文化呈现需要宏大叙事与理性建构，也需要微观描述、人文情怀与情感表达，而内在精神指向则需要通过可感知的景观形塑以及媒介的景观生产，使受众在历史叙事的情感体验中得到深切感受。具体来看，是将伟大的长城精神实体化、空间化，让长城精神与空间有机交融，充盈于长城国家文化公园之中。

## 三、长城叙事体系架构

“景观作为文化载体与游客作为文化受体之间的一种互动，将文化要素融入受众景观体验的各个环节，受众则通过对景观的参与与体验，完成从注意、理解到记忆的感知过程，实现文化景观寓教于游的教化目的。”[①]

### （一）叙事本体视角

长城遗产是承载国家或国际意义文化资源的重要载体，是传播传承文化、展现文化自信的重要媒介。多年来，保护的审视角度一直主要放在以“物”为中心的“史迹”层面，从“文化”观照出发对其所承载的精神、意义、内涵提炼和传播明显不足。“对文化的理解应该注重其关联性，能够被某一主题串联起来的相关文化现象均可以归纳在该主题之下，在过去的点状（单体）文化遗产基础上拓展，在形状上强调区域，在内容上强调关联性”[②]，从而构建长城聚落遗产与生态、生产、生活要素密切相关的、不断丰富的全要素网络，最终焕发文化复兴的生机。

### （二）文化传播视角

一是长城遗产主题阐释的“全面性”和“差异性”，在长城景观语境中，应体现在对景观定位和宗旨的精准解读与全面阐释，全时段、全方位是其叙事体系架构的基本特征，同时又要虑及各分主题之间的差异性。二是长城遗产信息传播的“系统性”和“可达性”。首先，长城文化传播的内容基于系统性形成不同主题，适于进行大众传播，实现民众接受共享。其次，可达性要考虑观众的认知水平和接收方式，以层次分明的逻辑结构确保在传

① 钟香炜，欧国光．上朔村长征驻地遗址修复及景观设计实践 [J]．设计，2021,34(9): 79–81.
② 梅耀林，周岚，张松，等．跨区域线性文化遗产保护与利用 [J]．城市规划，2019,43(5): 40–47.

播者与接收者之间形成有效的文化传播链。

### （三）受众体验视角

一是参观体验的“丰富性”与“趣味性”。文化阐释应注重分众体验的特色和多样性，叙事体系架构不能完全以文物为最基本的素材来发展，而应立足于体验视角，以多元的展示手段满足观众多样性的参观需求。二是参观流线的“统筹性”和“舒适性”。从“以物为中心”到“以观众为中心”，深层聚焦于文旅融合空间下，“参观主体”的游览体验。同时需同步统筹和策划空间规划、路径设计，以确保参观流线设计契合叙事体系架构。

## 四、长城叙事结构语言

长城叙事“所要探寻的是文化生态系统的各要素之间形成的结构和网络关系，找到语言叙事和空间叙事中的秩序感、认同感。而对于文化生态系统中结构关系的认知和保护比起保护遗产要素个体更为重要，因为结构的消亡意味着系统整体破坏”①。

### （一）文化基因——确立标志性符号象征

“符号是一种高度凝练和抽象的某种特殊内涵、意义或价值的标识，是文化存在的呈现形式，是文化传播的媒介和桥梁。”② 国家文化公园通过彰显中华文化共同体价值而提供一种总体性把握方式，使之成为各民族共享的中华民族精神象征符号。依托文化遗产和故事资源，通过多维文化记忆、核心价值的解构与重构，空间地域共性与差异的认识与挖掘，构建有机时空连续的国家文化公园叙事体系，也就不可避免地涉及文化传递要素，如文化基因、文化符号、文化谱系、文化象征等来增强中华文化的整体辨识度，从而“展示和传播国家文化公园的文化价值，使之成为一个逻辑自洽的形象生成系统。国家文化公园作为跨地域、跨文化、跨历史维度的大型文化遗产，与沿线众多自然、文化遗产集群相互交织，必然成为塑造和影响中华民族精神和国家认同纽带的重要媒介，推动中华文化识别体系和话语体系建设”③。

### （二）文化传递——创新情感性叙事结构

长城国家文化公园是解译长城文化、讲述长城故事、传承长城精神的重要载体，利用“文化、时间和空间”描述事件境况和历史场景来建构独特的情感叙事结构，借以联通表层故事背后的深层结构，系统深化长城文化认知，可以重新审视长城的时代价值。在国家

① 杨莽华 . 国家文化公园历史空间的叙事结构 [J]. 雕塑 ,2021(2): 50–51.
② 钟晟 . 文化共同体、文化认同与国家文化公园建设 [J]. 江汉论坛 ,2022(3): 139–144.
③ 丁家友 , 蔡卓君 , 杨家男 . 国家文化公园的档案基因与档案叙事 [J]. 兰台世界 ,2022(6): 26–30.

文化公园叙事中，长城作为富含象征、意义、符号、价值、情感和记忆的场所，具有延伸“历史轴线”、增强“历史信度”、丰富“历史内涵”、活化“历史场景”的独特作用，呈现出长城文化的独特创造、价值理念和鲜明特色，具有增强长城文化影响力、话语权的“媒介”能力，从而建立大众与长城文化内涵的情感链接。在具体实践中，景观设计从塑造形体转向营造故事，通过历史场景强化场所感与依恋感，将集体记忆、情感归属和文化故事紧密联系在一起，建构游客根植于场所景观营建的互动关系，并通过具身化的感知获得全面的情感体验与记忆。

### （三）文化在场——耦合生活性话语体系

构成长城巨型文化符号的信息资源是长城文化的“在场”或“在地”凭证，建立一套符合自身文化的话语体系需要对内达成民众对自身过去、现在与未来的一致性理解，成为凝聚认同和向心力的重要媒介；对外在国际话语体系中设定符合自身利益的中心议题与话语边界，成为承载特色和表达共识的国家形象。长城不仅具有文化“遗产”的属性，更多的是要保有一种生活性的活态文化传承，让本地居民理解、认同并作为传承主体是实现长城活态保护的基础。长城作为文化基因交汇和多元文化符号汇聚的场域，其记录民族文化记忆必须依靠符号和载体，这些符号和载体作为信息传播的媒介，帮助传播者进行编码、受众进行解码，才能完成文化资源信息在时空维度里的流变、互动、共享和重构。

### （四）文化媒介——建构场所性传播路径

在复杂的社会网络及社会层次中，长城文化传承需要有效的媒介发挥整合功能形成传播张力，必然指向如何将长城价值意义向公众阐释和传播的问题，具体可从载体叙事、再现叙事、传播叙事三个层面开展。载体层面基于长城文化公园故事主题，立足史料、档案等完善相关长城文化遗产分区分类分级名录，并持续加强文化遗存的补充调查和价值评估。再现层面通过要素的提取、叠加，包括面向档案资源整合、不同服务路线的地理空间信息，以及钩沉各种方志舆图等历史变迁的时间维度来明晰国家文化公园的整体辨识度。传播层面涉及两个方面，建立快行慢游交通系统、游线串联体系形成体系化的参观体验空间构架，使之成为传播推广功能的重要载体；通过实物媒介持续性地输出叙事内容并进行传播，不断强化存量资源和增量信息的文化解读能力及形象塑造张力。

### （五）文化载体——挖掘主线性时空脉络

国家文化公园的叙事强调场所空间和历史记忆交融统一。在空间脉络层面，“严格遵照史实进行梳理构建故事主线，将长城全线划分为若干主题明确、事件完整、重点突出的段落，各段落再进行子主题的细分，使各展示点做到内容聚焦所在主题、历史定位准确恰当”[①]。首先，挖掘丰富而系统的现有实物载体，使已有的长城资源能够成为长城文化的“触发器”“标志物”。其次，以特定的主题、事件为线索，将长城沿线的零散遗存有机地联系起来，使得长城文化遗产形成时间或空间上的绵延性和整体性，从而使其内部蕴含的长城文化基因、脉络得以清晰展示。最后，文化认同的培育是在一定的时空场景之中，坚持“以文塑旅、以旅彰文”，通过大跨度、大范围的线路串联，在不同时空的场景转换和旅游体验中丰富国家文化公园的文旅融合，通过时空场景化的“国家性”表达充分唤醒中华民族文化共同体认同。

① 毕毅，杨戈．高质量发展背景下的长征国家文化公园建设保护策略探讨 [C]// 中国城市规划学会 .2021 中国城市规划年会论文集．北京：中国建筑工业出版社 ,2021: 9.

# 第二章

# 长城国家文化公园
## 与长城聚落

# 第一节

## 长城本体

长城，人类历史上宏伟壮丽的建筑奇迹、无与伦比的历史文化景观。作为我国乃至全世界古代最伟大的军事防御工程，“长城凝聚了中华民族自强不息的奋斗精神和众志成城、坚韧不屈的爱国情怀，已经成为中华民族的代表性符号和中华文明的重要象征”①，在中华文明史和中华传统文化发展史上具有不可替代的重要价值与地位（图 2-1 ～图 2-4）。根据 2016 年 11 月国家文物局发布的《中国长城保护报告》，认定“春秋战国至明等各时代修筑的长城墙体、敌楼、壕堑、关隘、城堡以及烽火台等相关历史遗存认定为长城资源，……我国各时代长城资源分布于北京、天津、河北、山西、内蒙古、辽宁、吉林、黑龙江、山东、河南、陕西、甘肃、青海、宁夏、新疆 15 个省（自治区、直辖市）404 个县（市、区）”②。虽然长城历史遗迹十分丰富，但春秋战国至金代时期修建的长城仅保有部分遗迹，多呈土岗、石碓等遗址状态。相对而言，仅有明长城保存最为完整。更为重要的是，明代作为大规模修筑长城的极盛时期，资源禀赋天成、形制类型丰富、特征特色鲜明、形态体例齐全、营建技术成熟、防御体系完备，代表了中国古代长城军事防御体系的最高成就。明长城主要分布区域包括北京、天津、河北、山西、内蒙古、辽宁、陕西、甘肃、青海、宁夏 10 个省（自治区、直辖市）的 156 个县域，其主线东起辽宁丹东虎山，途经河北、北京、天津、内蒙古、山西、陕西、宁夏，穿过河西走廊中部至甘肃嘉峪关，横贯燕山、阴山、太行山、贺兰山、祁连山等山脉，跨越了我国地势的三大阶梯。明长城现存墙壕 5 209 段，烽火台、敌台、城楼、水关、铺房等单体建筑 17 449 座，关隘、城堡 1 272 座，相关遗存 142 处，总长度 8 851.8 千米。沿线地理风貌多样、自然资源丰富，历史文脉、风土人情等文化资源类型具足、数量众多③。

在历史发展过程中，长城既是自然地理和环境的分界线，也是两种经济形态和两种文明的分界线、汇聚线，区分着农业和游牧两大文化类型，调整着中原农耕政权与北方游牧势力之间的军事攻防及文化交往秩序。明代为巩固北部边防，设置九边重镇，从东至西依

① 鉴往知来——跟着总书记学历史｜千里河西有所思 [EB/OL].(2019-08-24)[2023-10-11]. https://news.cri.cn/20190824/170c2e94-299a-b561-8446-40b53fb491b8.html.

② 国家文物局. 中国长城保护报告 [EB/OL].(2016-11-30)[2023-10-20]. http:// www.ncha.gov.cn/art/2016/11/30/art_722_135294.html.

③ 同上。

图 2-1　赤城长城（作者摄）

图 2-2　怀来样边长城（作者摄）

图 2-3　青边口长城（作者摄）

图 2-4 独石口长城（作者摄）

次为辽东镇、蓟州镇、宣府镇、大同镇、山西镇、榆林镇、宁夏镇、固原镇、甘肃镇，共同构成了“九边”防御体系布局（图 2-5），“形成了从侦测预警到前线防卫，从信号传递到增援策应，从战时指挥到后勤保障的一整套以防为主、防守结合的完整军事防御体系”[①]。城堡、屯堡保持军事攻防，关隘、市口沟通长城内外，烽传、驿传系统守护文化交流。历史上，长城内外虽然因军事冲突而独立存在，但更是一个整体，从中原内地或草原深处通往长城关隘市口、沿线聚落之间的交通要道及网络，促进了长城内外的商贸交往、民族交融和文化交流，对立双方紧密联系、相互依赖并不断地向对方转化，是中华民族多元一体格局形成、发展过程的重要见证。因此，长城的融通开放性更是它的重要特征。总而言之，长城的历史既是一部防御工程和军事战争史，也是一部经济生产和社会生活史，承载着深厚的民族精神价值、建筑遗产价值、历史文化价值、文化景观价值；蕴含着坚韧不屈、自强不息的民族精神，团结统一、众志成城的爱国精神和守望和平、开放包容的时代精神。

长城是历史建筑景观的杰出范例，具体体现在长城连续性墙体、关隘、城堡、烽燧等防御建筑设施，以及长城和沿线区域的山、峪、水等环境空间的营建上，也是军事建筑集群的重要物证（图 2-6）。“长城不是简单孤立的城墙线状排列，它是由点到线，由线到面，军事重镇、关城、隘口有机结合起来，并沿线设障、堡、敌台、烽燧，互为犄角，构成了完备防御体系。”[②] 同时，它更是文明交流互鉴的民族象征。长城在农牧联通、地域沟通、商贸互通、文化融通中，成为中华民族的精神纽带和对外沟通的桥梁。长城文化遗产按照类型可划分为物质文化遗产与非物质文化遗产，“长城物质文化遗产包含长城本体、长城聚落、公共建筑、遗迹遗存等内容，非物质文化遗产研究包含不同历史时期长城的防御编制、民俗文化、重大历史事件等内容。其中，本体包含长城的墙体、敌台、墙台、烽火台、墩台与战台；长城聚落包括明长城防御体系中的镇城、路城、卫城、所城、堡城、关城、驿站与烽燧等；公共建筑包含接署官邸、仓储草场、庙宇祠堂、学校书院、牌坊楼台；遗迹遗存包含生活、生产性等人类活动遗存”[③]。

---

① 邢亚萍 . 天津长城国家文化公园建设要探索因地制宜、科学创新、融合发展之路 [J]. 中国民族博览 ,2020(24): 202–204.

② 河北省地方志编纂委员会 . 河北省志 · 第 81 卷 长城志 [M]. 北京 : 文物出版社 , 2011: 6.

③ 徐凌玉 . 明长城军事防御体系整体性保护策略 [D]. 天津 : 天津大学 , 2020.

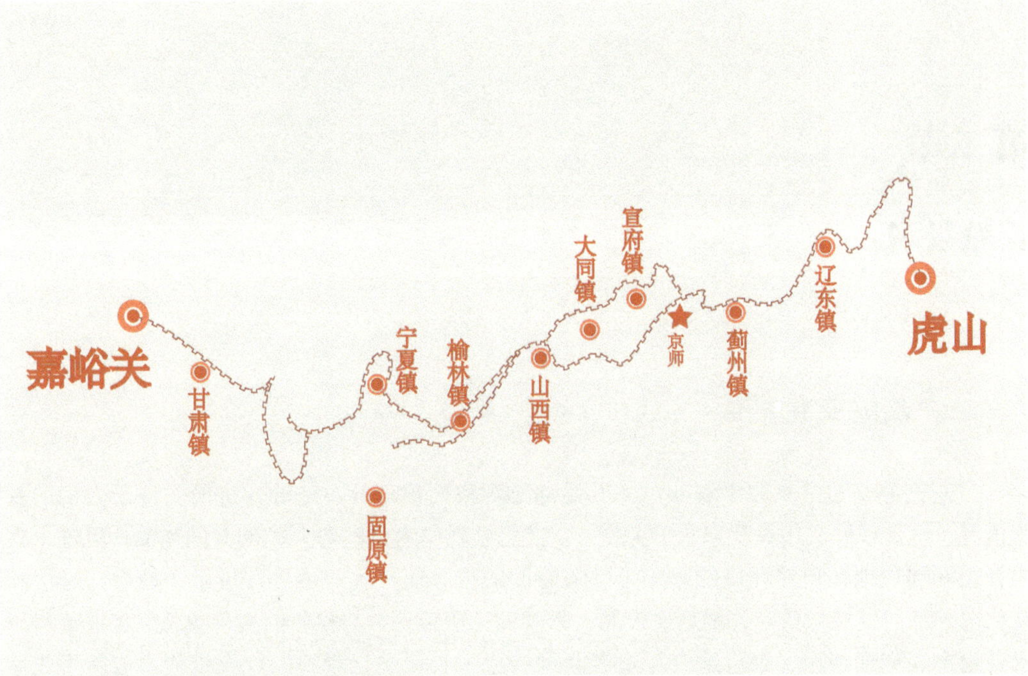


图 2-5　明长城九边军镇分布图（作者绘）

图 2-6　明长城防御体系结构示意图①（作者改绘）

① 李严，张玉坤，李哲．长城的整体性研究与数字化实践 [J]. 世界建筑，2022(8): 16–21.

# 第二节

# 长城景观

## 一、长城文化景观

景观的感知意义更胜于现实，尤其是通过观察而被理解、过滤，进而呈现于人们的观念世界，这是理解文化景观理念的关键①。文化景观作为自然与人类的共同作品，见证了人类社会和居住地在自然环境的影响下随着时间的推移而产生的进化，展示了社会、经济和文化内外部的发展力量。长城是建筑融入景观的完美范例，与相关的文保单位、工业遗产、农业遗产、交通遗产、聚落遗产等资源共同构成了长城文化景观的综合价值，成就了长城景观的文化图景。因此，建设长城国家文化公园不能简单地理解为传统意义上的长城保护，而是作为综合体实施自然环境、文化生态的系统性保护利用，通过打破行政壁垒和区域局囿，激活自然与人文的双重资源，优势互补、效用叠加，兼具自然环境景观的天然性和生态性，以及文化生态景观的典型性和独特性。

从文化景观的角度来构建长城国家文化公园景观框架体系，主要涉及景观机制、景观环境、景观过程和景观类型等内容。首先，国家文化公园是一种特殊的、具有国家意义的、全民认同的文化景观，因此它的景观机制应具有更加明显的特色，而文化的分化与整合为其最重要的部分；其次，景观环境会对文化景观产生重要响应，明长城涉及多种地貌类型，包括山川、河流、平原、草甸、戈壁、滩涂等，因此，区域性作为文化景观的基本特征，受自然地理和文化积淀的影响，并形成文化区划和文化区域。再次，景观过程指向的是历经长期演化，跨越多种区域，超越局部价值而形成的国家整体认同体系，强调的是时间维度下文化遗产节点共同构成文化功能和价值的线性发展特征。最后，国家文化公园是根据景观形成机制和演化规律而生发出的景观类型。

## 二、审美意义与叙事文本

长城景观审美的关键性意义在于时间维度记忆和空间向度营造的审美结果化，涉及景观审美主体、景观审美客体以及二者间的关联。长城景观的审美生产过程可以看作是对景

① Council of Europe.European Landscape Convention[EB/OL].(2004-01-03)[2023-10-11] http://www.coe.int/en/web/conventions/full-list?module=treaty-detail&treatynum=176.

观空间生产活动中审美主客体关系的描绘，审美客体是长城国家文化公园所打造的景观空间，用以满足不同审美主体的审美需求。而审美主体在审美活动过程中所完成的审美体验是一种主客体之间交融互动的关系，在这种互动过程中，物质化的文化景观成为具有美学特质的审美对象，从而使审美主体在旅游过程中产生高峰体验，最终形成一种存在于设计营造者与使用体验者之间的“身体间性”，亦即共处于同一空间情境中的感同身受。

由上可知，长城景观是一个综合且复杂的体系，可以从叙事学的角度入手以长城聚落为媒介主体进行“图景化叙事预设”，并注入不同时间向度和空间维度的参照和定位，空间维度以长城聚落景观空间层级划分以承载生活图景，时间向度以长城聚落景观历史层积线索作为叙事语汇。相较而言，长城聚落景观传统叙事着重于在相对完整的视域中以存量聚落遗产为对象，以逆向还原为解读手法，从景观的立意出发来找寻时代语境下的长城聚落景观的叙事性营建体系及设计方法。一方面考察景观思维在长城聚落营建实践中的呈现，另一方面揭示以景观意境和山水关系为核心的景观叙事特征，最为关键的是构建以山水底层逻辑作为依附构架的长城聚落景观空间叙事的理论框架与实践范式。当然，空间叙事逻辑的出发点强调的显然不仅是故事，而是形塑出一种基于人们日常或旅游空间体验的情境感知与现场环境的吻合。

# 第三节

# 长城聚落与国家文化公园主体功能

## 一、长城聚落

“聚落”大可为城镇，小可为乡村，甚至是人群聚居地。长城聚落的滥觞多属于作战防御、戍守监视、屯田屯粮的军事性城堡，或兼有商贸互市、控制交通等功能，它们之前可能是无人地、自然村或历史城市，而后伴随着行政疆域、地区开发、经济活动、交通状况等因素的演变而转化，或被弃、或衰落、或城市化，但长城文化的属性印记与内核特质一直保有。虽然长城的原有功用早已消失，但珠玉蒙尘，不掩其光。长城聚落的物质空间、经济空间、社会空间和文化空间深受长城文化的影响，既有与长城密切相关的关隘节点、防御城堡、后勤屯寨、烽燧驿站等物质空间形态，也有由长城活动而产生的事迹、民俗、技艺和语言等非物质文化形态及其得以孕育、滋养的人文环境，具有典型的中国古代北方边塞文化特征。时至今日，长城沿线众多主题明确、内涵清晰、底蕴厚重的历史文化名城名镇名村及传统村落、文保单位，构成了丰富的历史文化沉积带和活态保护利用带。长城聚落作为沿线人群聚居的日常空间场所，民族历史、边关文化的活态空间载体，集聚关联文旅业态的必要空间媒介已经成为长城和公众之间的核心切入点，对其进行保护、传承及利用必将成为国家文化公园建设的重要组成部分。需要说明的是，受明长城防御体系与聚落营建比重的影响，本研究主要侧重于明代及之后的长城聚落。

长城聚落作为长城国家文化公园建设的重要节点，既能承载文化记忆所蕴含的历史、情感、意义、符号，又能体现出建设实践中人与人、人与空间多元互动的文化环境。目前，长城聚落数量众多、类型丰富、禀赋差异，据笔者统计：长城沿线有世界文化遗产 5 处，国家历史文化名城 18 座，国家历史文化名镇 13 座，国家历史文化名村 23 个，中国传统村落 251 个，全国乡村旅游重点村 164 个；长城聚落的非物质文化遗产更是种类浩繁、门类齐全，列入联合国教科文组织非物质文化遗产代表作名录 6 项，国家级非物质文化遗产代表性项目名录近千项。因此，挖掘长城聚落的历史价值与文化内涵，不仅要保护聚落本体，同时更要保护人居时空中的人与生活。作为人居文化发展历程的见证，长城聚落遗产为国家文化公园提供了扎实厚重的物质和精神基础，并仍在不断进行“活态”的文化活动和“动态”的生产创造。长城聚落集生态空间、生产空间和生活空间于一体，在时间维度和空间向度上有着物化的时间记忆和空间象征，对其保护利用应突破狭隘的单体文物依存和历史地段思维，应将伴生文化、地方风情等融入长城整体文化氛围和历史积淀之中去理解。

## 二、长城聚落价值维度

长城虽失去了其原本的军事价值，但其整体价值却历经长时段沉积并不断被赋予新认知并不断被强化。其价值认知已经从官方、权威、精英的认知转向民主、多元、公益的价值认知。

景观功能。长城聚落不是纯粹的文保单位，从可操作性出发，长城聚落是一个具有可变尺度的概念，需要充分挖掘长城文化内涵、外延及拓展。以不同主体拥有的“地域功能”为依据达到空间组织效应，并综合呈现为“文化景观”。长城以地物作为依托，长城聚落区域内人、长城与自然资源禀赋长期相互依存、动态演进，与所在区域自然环境、文化根基、社会关系关联整合形成综合性景观系统——山形水系制约聚落择址，地貌地势限定聚落分布，景观生态影响聚落格局，生产物产奠定聚落基础，民风习俗催生聚落文化，生活状态呈现聚落特质。

结构逻辑。国家文化公园为不同的地域性文化认同圈提供了一个统一而宏大的文化符号，它具有强大的文化感召力、包容性及认同感，将沿线众多文化子系统中的文化符号有机地联结起来①，寻求公园内部的文化关联性和主题一致性。实质上，长城聚落具有多圈层治理结构与特征，结构层或相连、或叠加、或嵌套，文化对区域的作用受空间相互作用的“距离衰减律”法则的制约，形成以文化核心区为中心的集聚和扩散圈层状的空间分布结构②。基于此，按照“挖掘根源—寻找联系—重点开发—以点带面”的思路，利用长城聚落与长城国家文化公园文化根脉的同步、同源进行文化内涵阐释，使长城国家文化公园在空间上得到延伸的同时注重展现不同点段的地域多样性和丰富性。

溢出效应。长城聚落遗产类型传承方式与不同地理、地域、地缘之间的交流、采借、互动存在着缀合与关联。第一层是作为主体的人，包括原住民和旅游者；第二层是个人与他人／群体，体现的是不同地域、不同文化圈层之间的关系；第三层是个人与社会，“社会”是涉及人、文化和制度等相关范畴并可能无限延展的空间。因此，长城聚落文化遗产的保护利用除了结合本地区、本民族的生态环境和文化取舍，在原来的基础上产生变形甚至出现新的表现形式以外，更应成为其相邻地区、民族的传承源点，即被交流和采借的对象形式。其表征凸显的“线路”为媒介形成的文化交流带，使得各种社会实践成为空间的置换，并成为文化意义的主要构建方式。

---

① 李政 . 固原战国秦长城保护和利用研究——以建设国家文化公园为视角 [J]. 宁夏师范学院学报 ,2022,43(6): 100–106.

② 许立勇 , 周从从 . 大运河国家文化公园圈层治理研究 [J]. 扬州大学学报 ( 人文社会科学版 ),2021,25(5): 76–83.

## 三、长城聚落辨识与遴选

如何确认“长城聚落遗产”是一个难题。目前，一种通行的、具有操作便利性的做法是将长城沿线流布的聚落统一归列为“长城聚落遗产”，抑或从我国保护名录的版图中简单地沿长城线路进行圈画，命名为“长城聚落遗产”，这种等同于长城沿线城乡聚落的集合方式缺乏辨识度，难以彰显其特性、特色和特质。要解决这个问题，首先需要从聚落遗产内部厘清“长城聚落遗产”的属性和特质，加强其长城聚落遗产的长城性的研究；另外，应从多个角度挖掘长城聚落与长城内在的、区域的或全线的关联性，重点关注长城聚落与长城之间的内生和整合关系。

辨识“长城聚落遗产”可以设定认定标准和层级辨识加以把握，认定标准包括“标志性”“代表性”和“区域性”。标志性聚落即与长城遗产有直接关联，属于其催生的重要组成的文化遗产。代表性聚落即与长城遗产有间接关联，具有一定影响性、关联性的聚落文化遗产。区域性聚落是长城部分辐射、延伸、扩散到长城沿线以外区域的溢出性聚落遗产。浅析聚落景观与长城文化的相关性和关联度，需从其与塑造的空间格局、孕育的文化特质和演绎的文化形态等方面来判断，大致可将其分为本体、附属和相关三类。一是长城本体聚落层，聚落景观与其所处的长城文化空间关系紧密，长城变迁深刻影响着聚落的兴衰，脱离长城则属性不完整。二是长城附属聚落层，与所处的文化空间存在的联系较强，长城带动的聚落发展，脱离其文化空间该聚落属性仍基本完整。三是长城相关聚落层等，与其所处的文化空间联系较弱，脱离其文化空间，该项目属性仍独立完整。三级层次重叠的文化空间在地理上逐层逐级扩大，应针对长城不同历史时间节点、不同地理空间位置在其时空坐标上予以遗产特色的呼应和确认，充分比较和深刻阐述区别差异性与相似关联性。

建构长城聚落的文化遗产遴选体系也是一个具备较强实践性的区域发展问题。基于长城聚落景观核心区、拓展区和辐射区的集聚与扩散效应，综合评估长城聚落与长城的关系、自然景观特质、历史文化价值以及资源本底分布，并予以增减遴选。一是从空间关系角度，衡量聚落与长城本体关系的亲疏程度；二是从历史演进角度，考据长城在聚落演进过程中所起的作用的程度；三是从资源价值角度，评价聚落自身资源的丰富度以及与其他聚落的关联程度；四是从遗产存量角度，辨别聚落物质及非物质文化遗产的保存程度。在此基础上，根据长城聚落评价与筛选体系，提炼出具有代表力、吸引力、竞争力的聚落资源。

# 第四节

## 长城聚落与国家文化公园的共生链接

### 一、长城聚落分区与景观格局的共生

#### （一）功能分区

长城国家文化公园的建设是以“核心点段支撑、线形廊道指引、区域连片整合、形象整体展示”为原则构建“1+2+15”规划体系。长城聚落贯穿于国家文化公园建设四类主体功能区：严格划定管控保护区、准确定位主题展示区、创新打造文旅融合区、合理发展传统利用区，包括管控保护区中作为文保单位的关隘、市口等长城本体性聚落。无论是观光旅游、科学考察、研学旅行功能，还是参观、认知和体验需求，都应充分考虑长城点段文物本体安全性和文化景观完整性。作为展示解读长城精神和文化内涵的主题展示区，由分级化的国家级、省、市、县级及周边分散化的文物和文化资源为分支，汇集形成核心展示园（区域）、集中展示带（廊道）、特色展示点（基点）。文旅融合区利用长城文物和文化资源的外溢效应，依托主题展示区及周边历史、生态、文旅等优质资源打造“长城 +”的文旅深度融合发展的集聚区，实现与其周边就近就便和可看可览的历史文化、自然生态、现代文旅优质资源联动开发利用。传统利用区将按照核心、次核心和边缘区选择民居建筑、历史文化街区、城堡及特色村落等传统生活区域建设长城旅居带。从空间结构的视角来看，一方面是不同文化类型和文化区划的横向整合；另一方面是基于传统文化景观特质、当代文化景观功能的关联以及未来景观文化斑块的纵向延续。

#### （二）景观格局

长城聚落作为长城国家文化公园建设的重要节点，存在着资源禀赋的差异化特征，呈现出从东至西横向带形分布、由北向南纵向文化关联的特色。按照《长城国家文化公园建设保护规划》要求，围绕明长城及长城聚落分布，构建“带、单元、段、区、点、轴”的总体空间格局。“轴”是从东起辽宁虎山、西至甘肃嘉峪关的贯穿中国北方的横向发展轴；“带”指依托山脉水系的长城墙体及附属关堡连续构成的形象核心带；“单元”是在文化地理意义上形成的展示空间单元；“段”是以长城建设保护利用相对成熟、景观与文化价值最高、最能集中体现长城精神的段落为基础，遴选出以主题展示功能、文旅融合功能、

传统利用功能为主的段落和“万里长城”形象标识段；“区”即形象标识区域，将长城中具有代表性、标志性意义的长城聚落资源富集区作为长城国家文化公园的形象标识区，包括可以辐射整个组团发展的主要区域级核心区和可以带动周边地区发展的次要地区性核心区；“点”指与长城重大历史事件存在直接关联，具有文化景观典型特征的重要镇城、路城、卫城和所城、堡城、关口、烽燧等明长城聚落的重要节点，其布局虽然分散，但具有特殊文化意义和体验价值，并通过连点、成线、展网的方式，共同构筑长城国家文化公园聚落主轴空间。

具体来看，聚落景观作为实践载体，在体现整体景观辨识度的基础上，一方面要加强对长城聚落集群的统筹规划，从体系上以点带面逐步拓展，统筹整合碎片化文化资源；另一方面突出地域特色、地域文化特色，保有景观资源的稀缺性和独特性。管控保护区中，要充分考虑作为长城本体关堡的自身安全性和景观完整性。主题展示区是长城文化遗产展示体验的主要区域。按照核心展示园、集中展示带、特色展示点配以相应级别层次的聚落资源，形成主体区域、密集地带和特色节点。以主题展示区为基础，利用长城聚落资源的外溢效应推进建设文旅融合区。传统利用区主要强调各级保护单位、各级保护名录等范围内聚落的整体保护提升来构筑长城文化地标和名片，最终形成长城聚落复合化的景观格局体系。

## 二、长城聚落与国家文化公园的链接

### （一）植入方式

长城各点段的聚落文化遗产丰富性不尽相同，可将其分为高富集区、中富集区和低富集区。现存的“一刀切”植入方式缺乏合理性，要通过文化耦合性相互作用、相互融合寻求其溢出效应。从文化遗产与景观空间关系的视角划分长城聚落的类别与层级，采取不同的植入模式与策略。

从植入模式来看，第一是空间利用法。按照现有功能，长城沿线聚落景观空间可分为在用类和遗址类。就所处位置而言，则可分为城镇中心型、城镇郊区型和乡村郊野型等类型。第二是空间营造法。根据聚落类型与公园进行匹配，包括对旧有活动的空间环境进行改造，目标是满足空间需求、功能需求、情感需求和传承需求。第三是景观协调法。通过对长城聚落景观环境进行适应性改造，使之适宜开展聚落设计项目，注重与长城本体及历史环境要素的协调，注重新建建筑、设施与现存环境的有机融合。

从植入策略来看，首先，对长城遗产实行全要素的而非仅限于物质实体的保护；其次，对长城遗产的保护强调各项各类价值要素之间的联系，要求从整体上而非孤立地采取保护措施；最后，与当地文化旅游、社会经济发展、公共服务设施和公用基础设施的完善相结合，并“建立识别性标识系统、导引性标识系统、阐释性标识系统、提示性标识系统组成的完整标识体系”①。从而明晰长城聚落整体的走向与分布格局，打造明确的长城聚落空间格局，划定游览流线序列和生活空间系统，加强重要节点的空间设计、价值塑造和特色展示。

---

① 罗伊 . 长城国家文化公园（宁夏段）标识与阐释体系规划研究 [D]. 西安：西北大学 ,2021.

## （二）多维同构

长城聚落为长城文化提供了时间性延续、群体类传承、空间化建构的媒介，引发了时间、空间和社会等多个维度上的嬗变，多重功能的发挥和复合属性的显现将对长城文化的历时性演变与空间性塑造产生积极影响，推动长城聚落文化风貌的整体再现和文化遗产的系统保护。从时间维度看，要实现对聚落文化资源及其历史演化脉络的完整保护，应将凝结于聚落资源之上的历史背景、历史演化过程，以及聚落资源在历史长河中的发展、延续和创新一并记录、保护下来。从空间维度看，国家文化公园建设应充分考虑聚落资源物理空间分布的分散性，将位于不同区域、同一主题的聚落资源统一保护，聚落资源空间上的跨区域分布，要求国家文化公园在建设中要充分考虑资源的空间完整性。同时，还应考虑聚落文化遗产等的存在形态与周边自然、社会、文化、经济等环境的关联性，保护资源及其所存在的文化空间。

## （三）共生链接

现代社会变革使得传统聚落文化产生了深远的代际裂变，呈现出“碎片化、落寞化、封闭化”的状态。“一方面基于农耕生产的传统聚落文化价值体系仍旧潜移默化地发挥着维系民众情感和价值认同的作用；另一方面以工业化和信息化为代表的新生产力也在重塑着聚落文化生态，聚落文化面临着在当代语境中保护、传承和利用的问题。”① 作为国家文化公园主体性文化载体的长城聚落亟需内生出契合现代性价值的共生链接点，而国家文化公园则需要从宏观规划上对长城聚落的整体性及系统性构建做出呼应和空间复现。一是长城聚落与中华民族共同体的一致性。国家文化公园作为彰显共同体价值的国家空间体系具有显著的文化整合功能，通过串联长城沿线聚落形成相互关联、多元一体的文化生态空间，从而构建富含中华民族情感记忆、象征意义和符号价值的重要场所。二是长城聚落“我者”与现代化“他者”之间存在紧密的情感联结。让旅游者从“他者”角度融入多元而兼具生活性的时空场景之中，才能更深刻地实现对自我文化身份和归属的认同。当然，长城聚落不可能以一成不变或纯粹复现的方式来发展，而是需要在现代化的社会语境中形成自我更新。三是长城聚落与文旅融合发展的共生重构。文化的经济衍生价值有利于推动长城聚落成为当代社会语境中可供旅游体验和文化解读的意义场所。以长城聚落为载体打造国家文化认同的叙事空间和时空场景。四是长城聚落“文化线路”的空间链接组合。长城聚落作为文化载体的具体单元，承担着集聚文化要素资源、辐射带动周边的重要窗口功能和支点作用，是引领长城国家文化公园建设、保护、传承、利用的重点依托。文化线路不同于既往所指涉的线性轨道，而是叠加产生的全新的文化空间，通过历史维度的关联性和空间类型的连续性来体现文化遗产的“互动性”，同时，注入具有重要历史意义的连续性价值于公共活动或文化遗产中，使得传统“线路”得以在特定的当代现实语境中继续发挥作用。

① 杨传张．国家文化公园建设需厚植乡村文化底色 [J]. 探索与争鸣 ,2022(6): 18–20.

# 第五节

## 长城国家文化公园聚落转换路径

近年来，文化遗产保护整体观逐步建立，表现为从本体保护向背景环境延伸，从单体遗产保护向纳入整体遗产保护、传承与利用的“大保护”范畴转变。

### 一、转换思路

转换作为工具主要包括升尺度和降尺度。升尺度转换是围绕多个遗产的整体性价值，将单体遗产的保护纳入多个遗产整体保护的框架之中，亦即将小尺度空间的文化遗产嵌入大尺度空间中。从小尺度向大尺度转换，所有的小尺度文化遗产都能够在大尺度的组合之中寻找其文化意义，“从而使得每个公园之内的文化遗产价值得到更多人的认同，实现辖域内不同文化遗产保护与开发的公平性”①。降尺度正好相反，指将大区域的文化或文化目标分解为小区域的文化或文化目标，实现文化遗产的小尺度嵌在文化公园的大尺度下，使其更好地阐释国家文化公园的文化象征性。

### 二、转换方法

一是文化景观的尺度转换有助于解决政出多门和边界难定的问题。景观文化特质的相似性以及彼此文化区的临近性，使得包括长城墙体、关隘、聚落、相关设施等所有具有相同文化景观的小区域整合为大尺度文化区成为可能。文化景观尺度转换思路有助于解决目前各段长城的差异问题，解决聚落分割保护的弊端，解决保护边界难定的问题，强调长城文化景观一致性的总体价值。二是文化扩散的尺度转换可以用于确定国家文化公园的空间范围，即由文化源和该文化扩散到的区域组合为一个大文化区。从聚落景观在不同时期的分布变化上来看，长城聚落是由军事防御体系扩散而出并最终被整合到一起的。以往长城旅游资源主要集中在山海关、嘉峪关、八达岭等，人们对于长城的了解仅限于景点的介绍，对知名度不是很高但同样是长城精神生动反映的资源视而不见，文化扩散思路正可以用于空间范围的确定，来突破文管部门的局限。三是结构功能主义尺度的转换提供了解决同质

① 安倬霖，周尚意．基于地理学尺度转换的国家文化公园文化遗产保护机制 [J]. 开发研究，2022(1): 20–30.

竞争问题的思路，功能上彼此联系并具有特定角色的小文化区组成了大区域统一体，中心聚落作为区域组织中心统领着小区域，小区域的文化特性由大区域的整体性来控制，强调了不同职能的长城聚落在整个长城国家文化公园中的地位和功能联系，突出不同节点聚落的独特性、差异性，解决同质竞争的问题来调动各聚落之间的文化协同性。四是超有机体主义尺度转换可以将多类型的、分散的文化统领在一个主题之下，即由超有机体统领各个小区域，形成一个稳定的、“超越个体”覆盖到整体社会的文化群，关键需要找到各小区域社会文化中那些共通的思想信仰、文化理念和意识形态等并进行整合。长城不同地域的文化区内部又涉及不同尺度文化区之间的空间套嵌关系。针对并无明显的结构功能和网络联系的聚落，可以用超有机体的“长城精神”文化主题一致性涵盖各个类型，丰富长城聚落的景观意义和精神内核，编织协同发展文化纽带。

# 第三章

# 长城国家文化公园

## 聚落景观叙事关联框架

# 第一节

## 叙事时空维度

2022 年 2 月，中共中央宣传部、文化和旅游部、国家文物局印发《关于学习贯彻习近平总书记重要讲话精神 全面加强历史文化遗产保护的通知》，指出要加强历史文化遗产保护的系统整体性，统筹自然、文化和非物质遗产的系统保护；协调本体、预防、抢救、外围、集群与单点保护的关系，维护我国历史文化遗产的高度系统性、时间延续性和空间真实性①。因此，必须突破以往局限于以个别地段或保护单位为对象的传统保护方式，强调一种全方位、跨时空的整体保护方式。这种方式不是简单地将场域内所有的要素拼凑合并，而是注重在保护过程中，各要素相互联系统筹与协调整合而形成的一种持续性的关系，最终达到历史文化遗产、自然生态环境、社会经济价值的全面协同发展。其整体文化形态与面貌呈现，需要对主要组成系统的地理要素分布、空间组合结构以及历史演化机制和规律进行考察。因此，长城聚落既可以被认为是具有特殊区域文化意义的特征泛指，也可以说是系列历史文化景观遗产点的组合，从而为多种遗产通过网络交叉关联而衔接成线性或带状景观空间，为直接实践到国土空间规划的逻辑框架中提供了可能。

长城作为中国古代中原王朝抵御北方游牧民族侵扰而修筑的军事防御工程，历经数朝营建直至明代日臻完善，同时也造就了农牧两种文明对立融合背景下人居环境演变最为明显的历史时期。但是，长城并非完全是区分“内外”的屏障和边界，历史上作为南北的交汇中心和秩序纽带，其在经济往来、民族融合、文化交流等方面发挥了重要作用，正如美国地理学家欧文·拉铁摩尔所说，对于中国汉民族是国家边疆的长城，对整个的亚洲内陆却是一个中心②，从而引导了一条以长城为主体的特殊人文景观地带的形成。其中，长城聚落作为保证长城文化遗产完整性的重要组成部分，是长城文化景观的重要空间载体与人居场所，兼具“军事防御”与“文化会聚”的双向属性。

以明长城军事聚落作为建设主体和演变起点的长城聚落体系在不同阶段的主导要素各异。元明鼎革，长城内外农耕与游牧政权相互对峙，中原王朝通过修筑“有形长城”作为战略屏障对北部边疆实施有效的军事控制并将其纳为统治域内，以绝对的政治力量干预塑

① 中共中央宣传部等 3 部门发文 全面加强历史文化遗产保护 [EB/OL].(2022-02-20)[2023-09-20]. https://www.gov.cn/xinwen/2022-02/20/content_5674766.htm.
② 拉铁摩尔 . 中国的亚洲内陆边疆 [M]. 唐晓峰 , 译 . 南京 : 江苏人民出版社 , 2005.

造出长城边内特定的“军管区”（图 3-1、图 3-2），军事防御作为建设主导的长城军事聚落发挥着成边据守的作用，但部分时段的个别聚落也承担着互市职能，虽然并非主流，亦即“计所以得之者，唯抢掠与贡市二端”。而口外蒙地与边内省份以长城为界悬于传统经济区之外，区域开发和聚落建设较为滞后。自清以降，长城内外一统，几无烽燧之警，长城军防功用逐渐瓦解，统治者执行以蒙守疆的政策来巩固边防，“昔以之为守者，今皆为我守，无所谓塞也，无所谓边也，即无所谓内外轻重也，呜呼，此无形之长城也”[①]。商贸往来、行政调整形成演变主导的长城军事聚落或“商化”，或“民化”；口外充裕的土地资源、关内严峻的人地矛盾及农牧经济的互补性推动着长城内外各种资源的流动和整合，口外蒙地聚落以长城作为开放交流的关联后盾而成为边内政治、经济、文化的延伸并迅速崛起，因此也应纳入“大长城区域”聚落范畴之内。近代以来，铁路、公路交通构成的牵引主导更是强化了长城内外地区的统一整体性。20 世纪 30 年代，血肉筑成的“新的长城”概念将中华民族的前途命运、全国民众的爱国情怀与抗战热情凝聚于长城，增添了民族象征的含义，时至今日，长城作为中华民族的伟大象征和精神标志，蕴含着团结统一、众志成城的爱国精神，坚韧不屈、自强不息的民族精神，守望和平、开放包容的时代精神，成为实现中华民族伟大复兴的强大精神力量（图 3-3）。

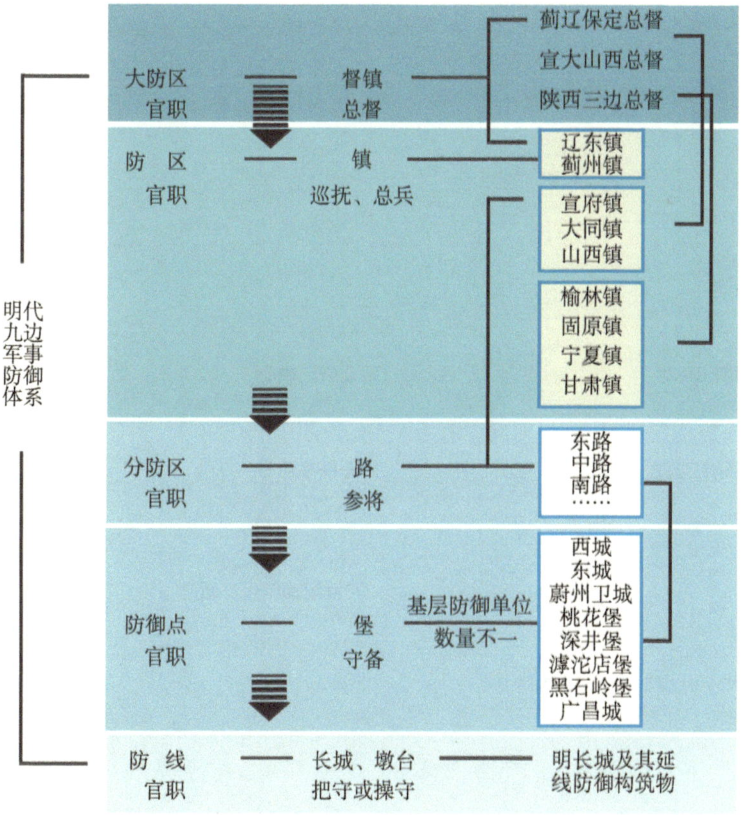


图 3-1　明代长城防御军管区体系（作者绘）

① 黄可润．口北三厅志・序 [M]. 台北：成文出版社，1968: 4.

| 镇城 | 路城 | 卫城 | 所城 | 堡城 | |
|---|---|---|---|---|---|
| 宣府城(宣府前卫、宣府左卫、宣府右卫、兴和守御千户所) | 独石城(开平卫) | | 云州城(新军守御千户所) | 半壁店堡、猫儿峪堡、仓上堡、马营堡、清泉堡、君子堡、松树堡、镇安堡、赤城、镇宁堡 | 上北路 |
| | 龙门所城(龙门守御千户所) | | 长安岭堡(长安守御千户所) | 牧马堡、样田堡、雕鹗堡、长伸地堡、宁远堡、滴水崖堡 | 下北路 |
| | 葛峪堡 | 龙门城(龙门卫) | | 大白羊堡、小白羊堡、羊房堡、青边口堡、赵川堡、常峪口堡、金家庄堡、龙门关堡、三岔口堡 | 中路 |
| | 万全右卫城(万全右卫) | 万全左卫城(万全左卫) | | 张家口堡、新开口堡、新河口堡、膳房堡、来远堡、宁远站堡 | 上西路 |
| | 柴沟堡 | 怀安城(怀安卫、保安右卫) | | 洗马林堡、渡口堡、西阳河堡、李信屯 | 下西路 |
| | 永宁城(永宁卫、隆庆左卫) | 保安城(保安卫、美峪守御千户所)<br>怀来城(怀来卫、隆庆右卫) | 四海冶堡(四海治守御千户所) | 延庆州城、保安新城、周四沟堡、黑汉岭堡、靖胡堡、刘斌堡、土木驿堡、沙城堡、良田屯、东八里堡、西八里堡、麻峪口堡、磐山保 | 东路 |
| | 顺圣川西城 | 蔚州城(蔚州卫) | | 顺圣川东城、桃花堡、深井堡、滹沱店、黑石岭堡 | 南路 |
| | 柳沟城 | | | 岔道城、榆林镇堡 | 南山路 |
| | | | | 鸡鸣驿城 | 不属路 |

图 3-2　明代宣府镇军事聚落层级示意图（作者绘）

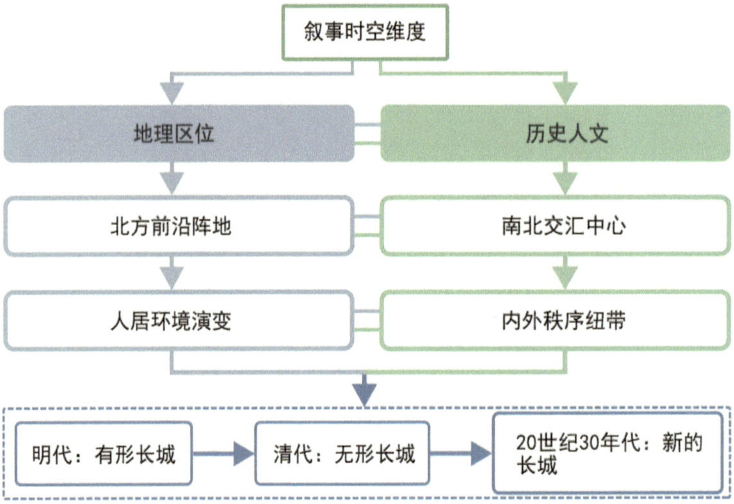


图 3-3　长城叙事时空维度（作者绘）

值得注意的是，长城聚落体系作为历代数次营建活动的叠加成果，并非脱胎于一次完整蓝图的擘画或是一个贯穿全过程的计划。因此，研究长城聚落体系不仅要关注如何提炼隐喻抽象的整体或最终结构，也要关注如何描述具体建设的结构过程。作为“多义性”的地理空间的累加结果和历史时期的层叠呈现，长城聚落包括了空间层面的宏观定位和空间分布、中观格局和组织结构、微观型制和内部形态，时间层面的发育状态、内在机制、联动方式、动态变迁等，所以，长城国家文化公园强调空间范围横向表述和历史信息纵向延伸的包容性。“空间中的聚落”体现着不同空间段落中长城聚落遗存的要素信息、组成结构的地理表达，对其进行图示转译和推导分析是关键；“历史中的聚落”意味着无法共时导致的非接触性和不同时间刻度的具体文化内容，故史料文献、舆图游记的判读是其描述来源。“空间层级”和“时间层积”二者相互关联补充，从而强调长城文化的丰厚意涵与多样状态，避免造成对其内在动态生命机制的认知阻碍。

# 第二节

## 从对象到场所

建设长城国家文化公园作为一种“国家性”的文化景观生产，被深度赋予了中国式现代化独特的文化特质和生活图景。文化景观的“整体环境”已从以物为本的静态对象保护扩展为以人为本的活态“场所”保护，强调的是以系统思维对众多分散的文化遗产资源进行空间化整合、区域化协同与联动化展示，并在国土空间上形成空间连续性、文化关联性、主题差异性的文化景观场所，而不是过分强调某一对象或资源的个体性，由此，以“场所性”使历史信息真实可辨、元素潜在联系显见、文化转变过程明晰，从而促进文化景观的品质提升和精神型构。具体而言，一是景观建构意义。众多文化遗存布局分散、模糊，文化沉积纷乱错杂，对其保护、整合的实质就是对景观价值的判断、抉择和文化层叠的梳理、架构。二是意义重塑景观。即对物质空间结构的具象性再现和文化价值体系的抽象性重构，呈现的是整合过程演进、串接历史线索、介入文化内容、满足心理体验的文化景观空间序列和展示场域。由此，便衍生出线惯性和区域性的主要空间特征。线惯性即时间上经历长期文化沉积与历史演变过程，空间上跨越多个地域或行政边界，只不过，线惯性并不意味着空间上的完全连续，而是暗含空间整体性，将各地域的文化与文化景观集合为整体，形成一个跨越地域范围、实现多地文化整合的区域共同体，亦即特定的区域性，从而文化特质与景观呈现出整体性、多样性的特征。在协同推进乡村振兴与新型城镇化的今天，城镇与乡村聚落作为不可分割的统一整体，需要统筹发展，基于整体思维和整体区域思想，进行完整地域范围内的聚落体系的叙事性考察、梳理与归纳，以历史层积表达时间维度、以空间层级解读空间维度来对长城聚落重新定位，构筑优势互补、协同发展的多核组合、跨区划的长城聚落结构群。无论历史中的初创、发展或移建，或当代的衰落、演变或开发，还是空间上的宏观区域、局域聚落、微观建筑等，最终将在区域相互关联中获得存在的意义。

# 第三节

## 聚落景观叙事

长城国家文化公园作为以长城精神提炼故事线索，寻求内部的文化关联性和主题一致性，构筑兼具空间性、时间性、文化性的全景式场所空间，其空间框架反映出印象式松散集合到复合型架构关联的“大结构叙事”转向，其文化意义呈现出国家层面宏观定位的跨区域主题建构与地方层面具体实践的本土化支撑，从而兼具国家宏大叙事与地方特色故事、真实性保护与延展性民生，最终转化为原住民和外来游客的生活场所和体验空间并惠及于民。值得注意的是，概念价值的本体思辨和文旅开发的实践构想之间缺乏转化的链接环节，长城聚落景观与国家文化公园之间缺乏系统的关联互动。鉴于此，从时空耦合与谱系梳理出发，基于长城聚落景观共时性要素分类的“文化—空间”关联的“空间层级”载体、历时性过程分段的“文化—时间”关联的“历史层积”机制，进行叙事信息、文化价值挖掘分析并予以时空关联、整合、优化，以期实现长城沿线城镇、乡村聚落遗产的景观活化与民众共享，使其成为重构民众与长城本体之间的重要沟通媒介。

“国家文化公园的设立是一种集中体现国家性、文化性和公共性的宏大时空叙事表达，也是一次重要的体现中国道路话语体系的文化治理模式创新。”① 长城国家文化公园聚落景观建设作为围绕“以聚落文化空间营造促进长城文明传承”来构建“战略性+普惠性”多层级、多类型的文化空间体系，重视在多维融合体验中增强个体对叙事体系的认同感，以及借助具象化的空间、价值和符号载体外显于民众的日常感知和游憩体验以增进对长城文化的认同。由此，借助“编码—解码”的方式实现长城聚落景观所表征的价值意义和象征系统转换为个体的文化身份认同，从而建构个体、民族和国家形象的“文化共同体”。

---

① 杨洋，沈涵．国家文化公园研究现状及趋势 [J]．中外文化交流，2022(4): 25–28.

# 第四节

## 叙事关联框架

### 一、空间维度层级——聚落空间结构要素的整体信息解读

基于田野调查采集与定量梳理建立长城聚落景观资源的数据集合，编码和标识资源要素、集群结构、赋存分布的景观信息。依据聚落景观与长城文化的相关性、标识性、影响性设定、认定遴选标准，辨识非均质分布的资源赋存凹地和集中连片分布的资源富集区域，筛查遗产“存量”和容纳当下“增量”是提升长城聚落景观空间包容性的关键。按照由宏观到微观的级差，从视线感知、拓扑分析、肌理分形、事件整合、类型分化出发，将叙事点核、廊道、簇群、架构、全局分别对应于地标场所、街巷轴线、簇群街区、聚落格局、山水环境。

### 二、时间向度层积——聚落历史演变特征的序列生成表达

长城聚落景观的形成是一个具有历史连续性的沉积叠置过程。通过史档图志搜集解译、图像叠合呈现、影像虚拟对比，开展由明清至当下的时间向度上的要素层积过程梳理。通过提取不同时期景观的空间信息和发展脉络，与现状空间在连接度、整合度、匹配度、可理解度等变量上展开比较，构建出契合自身层积规律、不同尺度、不同侧重的历时变迁序列和诱发内因，通过特定“时间断面”对长城聚落景观进行“时序结构”剥离，明晰长城记忆、景观谱系的纵向延续以及秩序认同。

### 三、时空网络关联——聚落时空结构系统的耦合优化方法

从时间向度层积脉络和空间维度层级结构出发，与防御网络、政治地缘、文化景观等相关联，形成“离散性研究”到“连贯性推演”的认知体系，保证传统景观营建形态逻辑和当代景观设计潜在结构的时间映射和空间耦合，以适应长城文化公园超大尺度的建设需求。具体包括：兼顾景观资源禀赋以及存量、增量的分异特征，统筹整合碎片化的聚落资源，并与已有保护名录优势互补、效能叠加，实现整体观下集约利用的联动统筹；基于空间布点、作用距离、控引程度、网络链接、栖游行为，挖掘、筛选单项或多项因子来匹配

拓展景观的系统表达，实现协同观下关联统筹的结构控制；通过对聚落点之间的防御布局、时间序列、空间区位、历史事件、链路视廊及可达性等的研究，建构要素之间的网络构架来增强时空集聚、衔接或关联的深层效应，实现能动观下动态多元的时空耦合（图 3-4）。

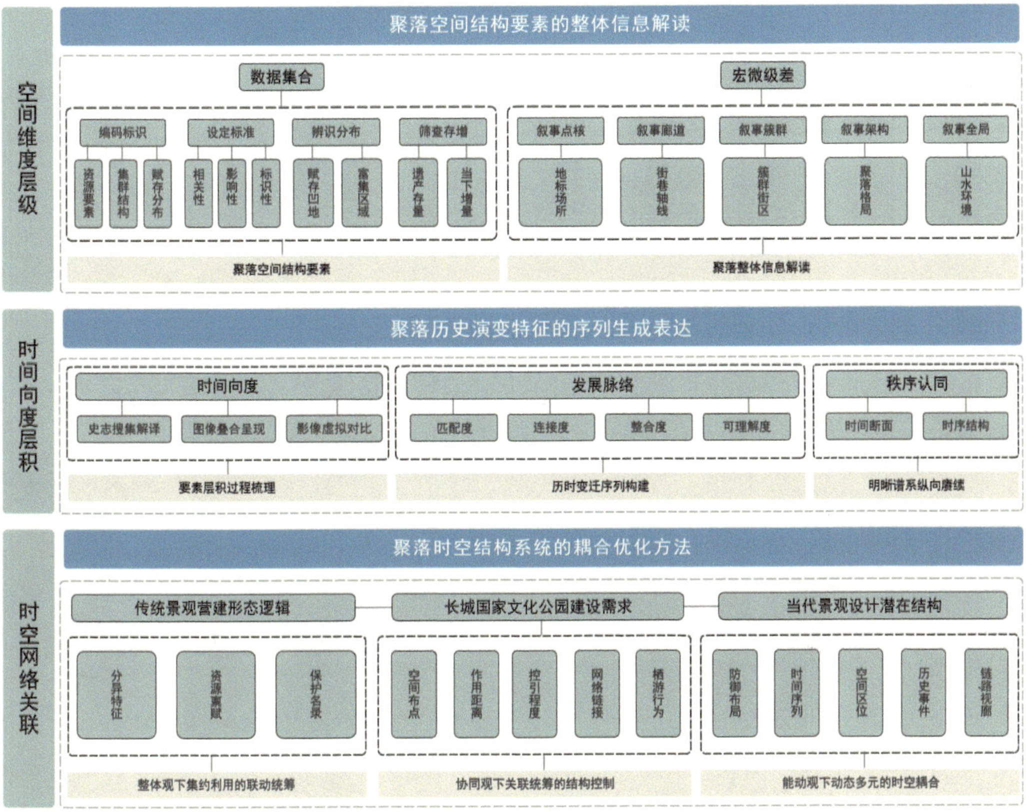


图 3-4　长城国家文化公园聚落景观叙事关联框架（作者绘）

# 第四章

# 长城国家文化公园

## 叙事引导聚落景观时空耦合

# 第一节

## “文化—空间”维度关联的叙事空间层级解读

### 一、长城聚落景观分布与区位

#### （一）明长城军事聚落

封建王朝“国之大事唯祀与戎”，在国家力量的干预下，以军事防御功能为主的聚落成为人类聚居发展史中的重要类型。长城军事聚落在推进王朝领土拓展、聚落型制演化、边疆地区开发进程中发挥过积极作用，其选址布局、形制营造深深地影响着之后该地区聚落空间的分布、职能和结构。时至明代，北疆地区的冲突与军事防御的构建始终是一条清晰的宏观主线，伴随长城的构筑和防区的设立，境内诸多军事防御型聚落相继兴筑，同人们的戍守、屯垦、生活、商贸等多种印记汇聚在一起，呈现出军事意义和文化信息交融的边关聚居图景，同时也是长城地区现存聚落的主要形态。长城防御体系理论作为今人认识长城军事聚落的特定视角，重视宏观地理图景下长城结构的描述和分析，将长城军事聚落组织为一个经纬清晰、纲目分明的概括性抽象图式，其所蕴含的丰富历史信息也被简化为特定时间节点的瞬间，这种结构化的倾向认同并聚焦于明长城横向空间层次所具有的显著共性，有助于对长城聚落文化的认知、理解和传播。

1. 有形长城

明初，北元残存势力退守漠北，明廷在持续的对元战争中将帝国北部边疆防线拓至草原腹地，同时，施行“民近边者，皆徙内地”的政策，将长城内外原有大量州县撤废，并将其民众向关内地区迁移。之后，在此区域广置军事卫所，形成数千里声势相连之势，如边内的定辽、永平、密云、蔚州、大同、绥德、宁夏、甘肃等卫及安定、雁门等守御千户所；口外的大宁、全宁、开平、东胜、镇虏、玉林、云川、宣德、官山、察汗脑儿等卫及兴和、宜兴等守御千户所。到永乐时期开始奉行“近疆固守”政策，口外卫所悉数内撤或废弃，明王朝实际控制范围逐渐内缩至长城沿线（图 4-1）。为了抵御北敌侵扰，相继设立辽东（治广宁卫城，今辽宁省锦州市北镇市）、宣府（治万全都司城，今河北省张家口市宣化区）、大同（治山西行都司城，今山西省大同市）、榆林（治榆林卫城，今山西省榆林市）、宁夏（治宁夏卫城，今宁夏回族自治区银川市）、甘肃（治陕西行都司城，今甘肃省张掖市）、蓟州（治

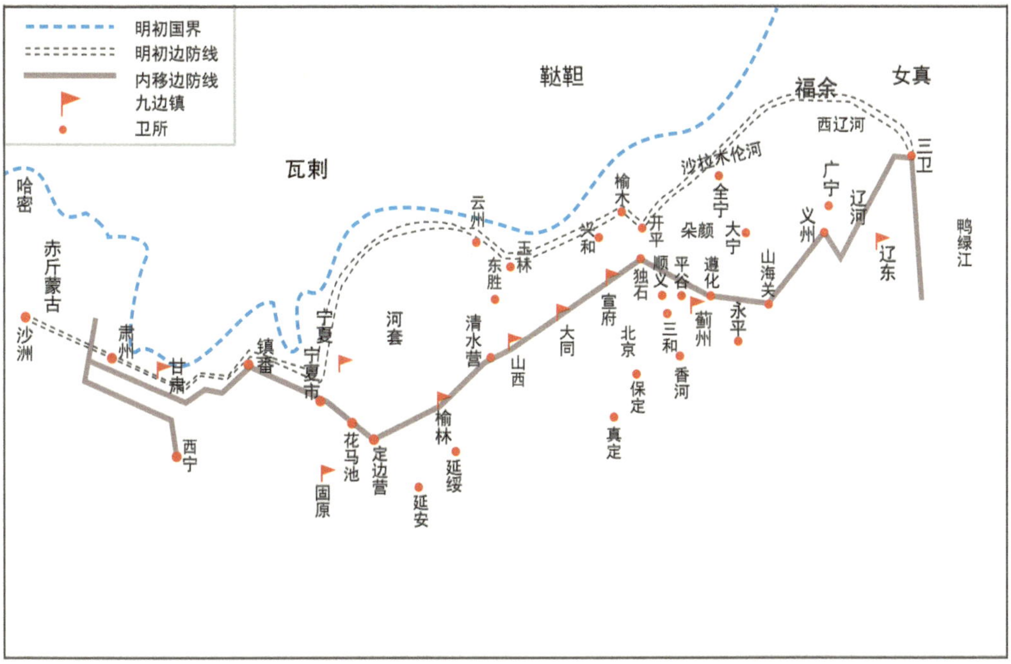


图 4-1　明代北方边防内缩示意图（作者绘）

三屯营，今河北省唐山市迁西县三屯营镇）、山西（治偏头关所城，今山西省忻州市偏关县）、固原（治固原卫城，今宁夏回族自治区固原市）等九边军镇，嘉靖年间为强化京畿和帝陵防务，析置真保镇、昌镇，共同构成“九边十一镇”的防御格局，形成了从侦测预警到沿边防卫，从信号传递到增援策应，从镇守征战到后勤保障的以防为主、防守结合的完整军事防御系统。长城防御系统由长城本体、城堡聚落、驿递交通、烽传预警等诸多系统构成，即所谓“盖城堡以便保聚，墩台以明烽火，边垣以限华夷”①，其中，长城本体系统包括线性墙体（也称边墙）、关隘、敌台等附属防御设施（图 4-2）；城堡聚落系统由拒敌戍守的城堡、民丁自御的民堡以及军需补给的屯堡、马坊、牧马苑等构成（图 4-3）。驿递交通系统以驿站（城）、急递铺、递运所为枢纽，各种干线、支线、间道、便道辐射形成交通网络以飞报军务、传递文书及转运物资等（图 4-4）。烽传讯息系统主要包括点状分布的沿边和腹里烽火台及线状组成的烽燧线。相较而言，烽传系统是由外及内，而驿传系统是由内及外。城堡聚落、驿递交通及烽传讯息系统以不同层次、尺度的网络空间结构与线性长城本体紧密结合，共同构成长城整体防御系统（图 4-5、图 4-6）。值得注意的是，长城军事聚落作为长城防御系统的组织核心和空间载体，无论小至单体烽燧敌台、驿站驿城，还是大到镇路、卫所，都是不同类型的聚落遗产存在，充分体现了长城的军事特征及防御文化特质，从而在长城附近形成了一个集军事防御和民族交融于一体的“秩序带”。

① 陈子龙等 . 明经世文编 · 第四册 [M]. 北京 : 中华书局 ,1962.

图 4-2　独石口长城边墙（作者摄）

图 4-3　蔚县明长城城堡聚落集群①

① 申晓飞，董青，冉志刚．保卫大明江山 [J]. 中华遗产，2012(5): 42–65.

图 4-4　鸡鸣驿城环境空间（作者摄）

图 4-5　天镇长城沿边烽燧线（作者摄）

图 4-6　左云长城沿边烽燧线（作者摄）

### 2. 明长城军事聚落层级体系

长城军事聚落与长城防御体系显著关联，具有稳定的组织结构和严密的等级关系，其层级体系是明代都司卫所制和总兵镇戍制投射于物质空间层面的实体。明代前期执行都司卫所制，都指挥使司掌一省军政，简称“都司”，上隶五军都督府，下辖所属卫所。《明史·兵志二》载：“天下既定，度要害地，系一郡者设所，连郡者设卫。大率五千六百人为卫，千一百二十人为千户所，百十有二人为百户所。所设总旗二，小旗十。”[①] 至明宣德五年（1430），沿边设有辽东、山西、陕西、万全都司和山西、陕西行都司。除总旗以下，都指挥使—卫指挥使—千户—百户等武职官各具品级（图 4-7），基于此，都司卫所制下聚落层级体系也分为都司城—卫城—所城。随着总兵镇守制崛起，差委官统兵成为明代中后期的主体。武职官逐渐与权责脱离，成为表明差委官身份等级、资格待遇的阶衔，“凡天下要害地方，皆设官统兵镇戍，其总镇一方者曰镇守，守一路者曰分守，独守一城一堡者曰守备，与主将同处一城者曰协守，……其总镇，……皆曰总兵，次曰副总兵；又次曰参将；又次曰游击将军”[②]。其中，游击将军往来巡视，护卫中军、副总兵多为协守，不是一级机构。因此，按照总兵镇戍制中镇（总兵）—分（参将）—独（守备 / 操守）守的驻防结构，长城聚落的层级体系分为镇城—分守城堡—独守城堡（图 4-8）。

当前，学界大多通过并合总兵镇戍制和都司卫所制，以“镇—路—卫—所—堡”的差序等级来明晰长城军事聚落的不同角色定位。实质上，都司卫所制下驻有都司或卫、守御千户所的聚落皆称为“城”，如驻有怀来卫和延庆右卫的怀来城、驻有安东中屯卫左右二所的应州城、驻有守御千户所的保德州城等；“堡”则为各卫所的所属军堡、屯堡。而总兵镇戍制下城与堡却没有明确的等级界定，只是长城军事聚落的一种形式，如同为弘治年

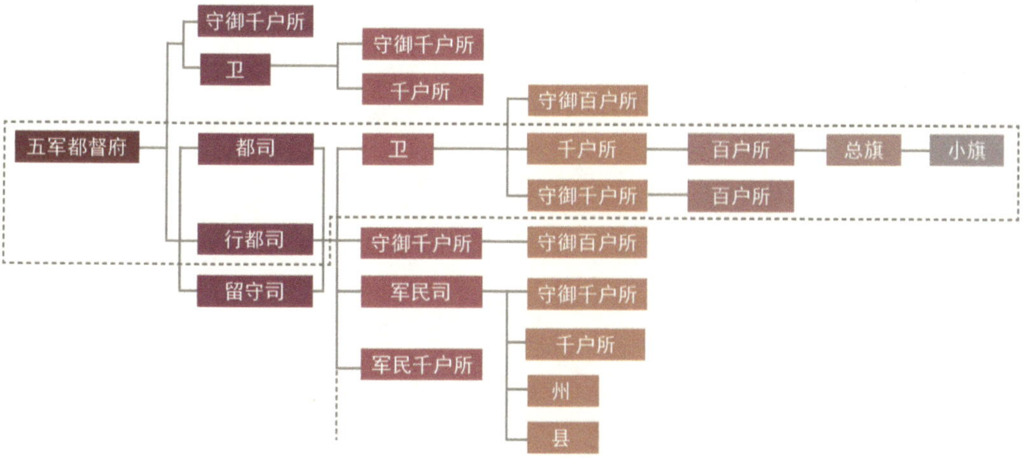


图 4-7　都司卫所制度组织结构示意图（作者绘）

① 张廷玉等 . 明史 · 第八册 [M]. 北京 : 中华书局 ,1974.
② 魏焕 . 皇明九边考·卷一 [M]. 台北 : 华文书局 ,1969: 28–29.

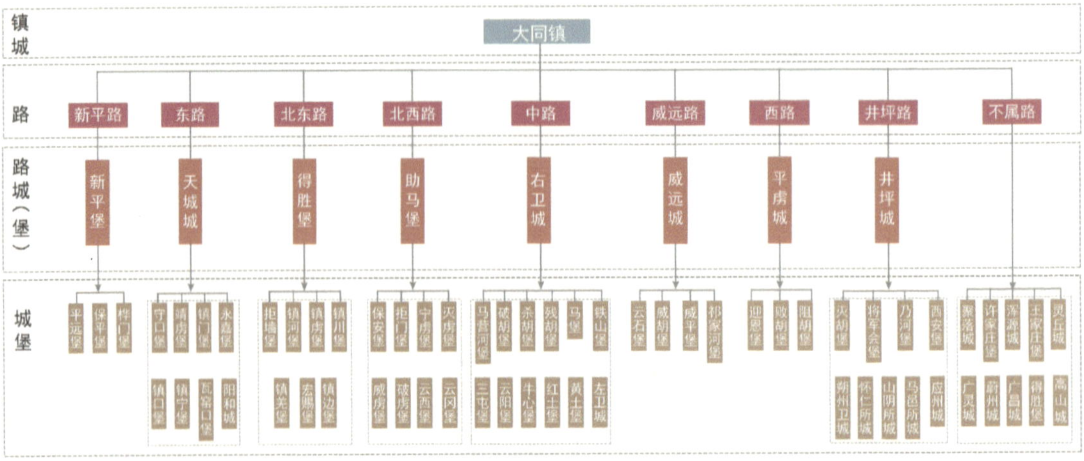


图 4-8　大同军镇长城军事聚落等级体系图（作者绘）

间创设的滴水崖堡和长安岭守御千户所城，其后皆为宣府镇下西路参将所辖的守备（独守）级别（图 4-9）。城周六里三分并驻有朔州卫以及明代府乐昌王就藩的朔州城和周长仅一里五分零六步的灭胡堡，在万历中期以后则同为守备（独守）级别（图 4-10）。同时，部分都司卫所和军镇城堡则兼有多重身份，如天城既是天城卫城，也是大同镇东路参将驻地；

图 4-9　滴水崖堡和长安岭守御千户所城（作者改绘自《宣大山西三镇图说》）

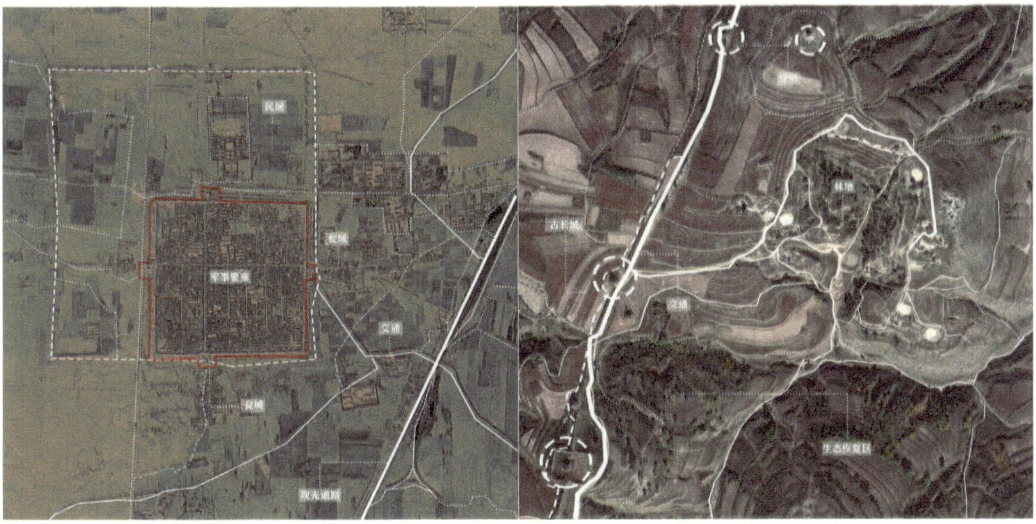


图 4-10　朔州城和灭胡堡（作者改绘）

庄浪既是庄浪卫城，也是甘肃镇左参将驻地；延庆左卫和永宁卫则同驻延庆州永宁县城。另外，城堡级别也随驻官职务变动而调整，如柴沟堡原为独守堡级聚落，嘉靖年间因宣府镇下西路参将驻扎于此而升为分守；助马堡原设守备，后大同镇北西路参将由应州移置于此而升为分守路堡（图 4-11）。更值得注意的是，镇城和都司城也不一定重叠，相较而言，

图 4-11　助马堡现状（作者摄）

镇城的选择注重应激性和防御性，如蓟镇总兵初驻桃林口、后移狮子峪、又移三屯营（图4-12），山西镇总兵冬击偏头关所、秋防宁武关所；都司城的选择则更具稳定性和政治性。除内迁和罢黜外，长城沿线所设的都司驻城皆没有发生变化。强制的防御“规划性”与强烈的军事“防御性”是明长城军事聚落最为明显的特征，从而在长城九边地区形成了卫所关隘棋布、城堡墩台林立的边塞图景。

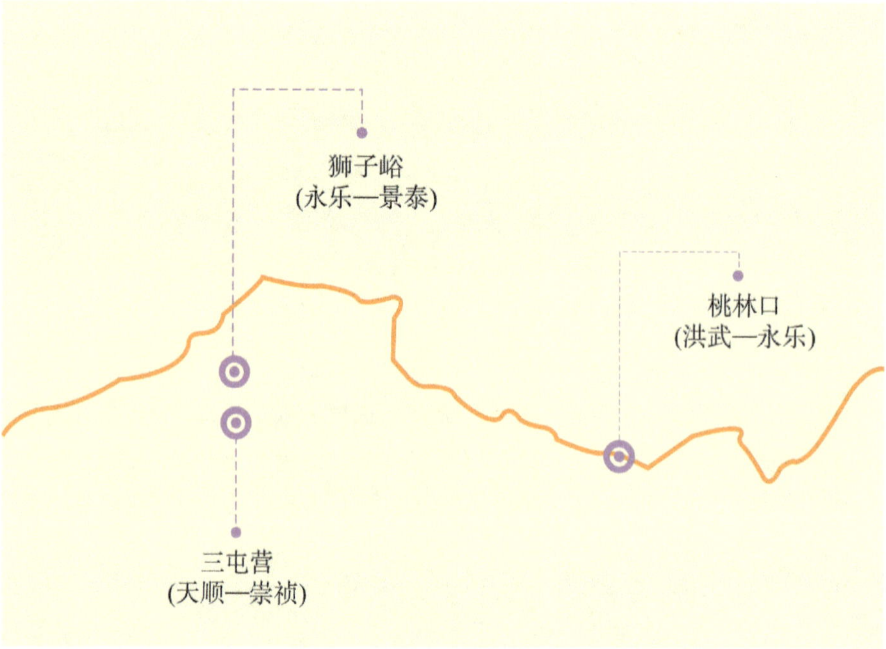


图 4-12　蓟镇驻地变迁图（作者绘）

明代，布政使司掌一省之行政，别称“藩司”，下辖府（直隶州）和县（府属州），佐贰官参政、参议分理各道钱粮称“分守道”。按察使司掌一省之司法，又称“臬司”，佐贰官副使和佥事分理各道刑名为“分巡道”。明代中后期内忧外患，开始在边疆或要冲之地设置“整饬兵备道”节制属地官军。分守、分巡和兵备皆具有一定的辖区性质，如宣府镇设有三道九路，分巡口北道驻劄赤城堡，下辖上北、下北、中路；怀隆兵备道驻劄怀来城，下辖东、南山路；分守口北道驻劄宣府镇城，下辖不属路、上西、下西、南路。大同镇设有四道九路，阳和兵备道驻劄阳和城，下辖新平与东路；左卫兵备道驻劄左卫城，下辖北西、中、威远路；分巡冀北道驻劄大同镇城，下辖北东和不属路；分守冀北道驻劄朔州城，下辖西和井坪路（图 4-13）。为了统筹管理九边各镇粮饷事宜，一般设有督催料草、关防仓场的管粮道驻扎各镇城，下设若干管粮同知或通判，如宣府镇万全右卫城管粮同知、怀安卫城管粮通判、赤城堡管粮通判、龙门卫城管粮通判、怀来卫城管粮通判；大同镇阳和卫城管粮同知、朔州城管粮通判、左卫城管粮通判。管粮官多驻扎在城池规模较大、防御能力较强、城市功能复合的聚落，并在清代全部设为县级以上的治所城市。

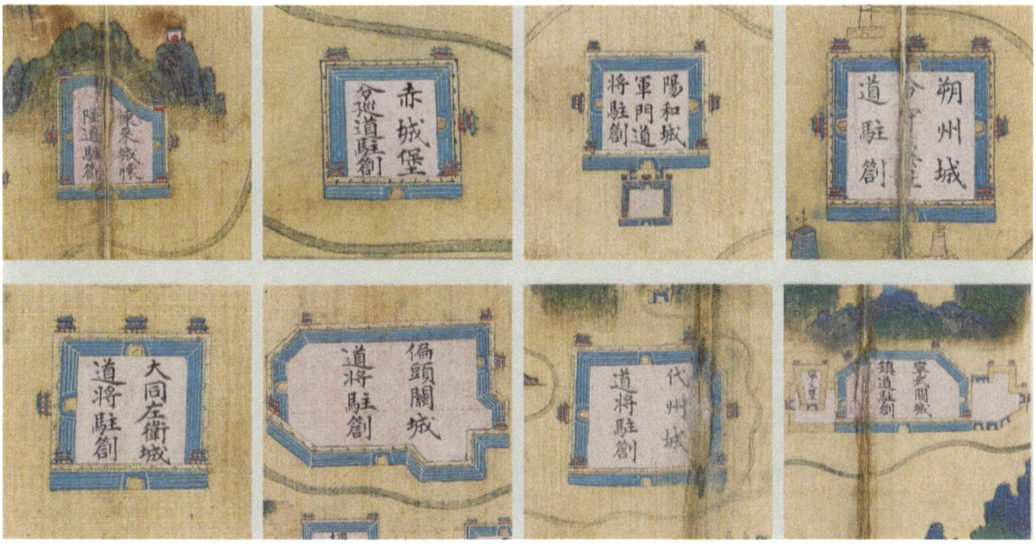


图 4-13　宣大山西道治城图（作者改绘自《宣大山西三镇图说》）

## （二）清口外蒙地聚落

### 1. 无形长城

清代以来，长城攘外安内的防御作用逐步下降，统治者执行通过怀柔喀尔喀蒙古作为帝国北疆屏障的政策来实现以蒙守疆的战略目的。康熙就古北口总兵官蔡元因长城倾塌请行修筑的疏言谕令：“昔秦兴土石之工修筑长城，我朝施恩于喀尔喀，使之防备朔方，较长城更为坚固。”①“守国之道，惟在修德安民。民心悦则邦本得，而边境自固，所谓众志成城者是也。”② 查慎行就此论赞“圣朝不划长城界，一道平冈是九边”③。清廷通过编设盟旗、建立驿路、军府镇守、兴教安众等手段对蒙古各部进行控御。首先，自清崇德元年（1636）开始，清廷对逐步归附的漠南蒙古部落“随得随分旗”，并确立了“理藩院—盟—旗”的管理体系。康熙三十年（1691），为防备漠西蒙古准噶尔部南侵并有效羁縻管控外藩蒙古诸部，康熙在“川原平衍，水泉清溢”，诸部“道里至此，亦适相中”的多伦诺尔举行会盟，仿漠南蒙古之例以颁发汗号、赐封爵位及民众编旗的方式实现了漠北喀尔喀蒙古的正式归附。其次，康熙三十一年（1692），为保证军事指令畅通、方便后勤补给转运，开始建立由京师（北京）经喜峰口、古北口、独石口、张家口、杀虎口等五个原明长城沿线重要关口通往漠南蒙古诸部的驿路体系，史称“口外五路驿站”（图 4-14）。雍正六年（1728），联系漠南与漠北的阿尔泰军台与张家口驿路合并，一路至科布多，一路至库伦和中俄互市口岸恰克图，形成沟通内地、漠南、漠北的交通网络，在口外蒙地聚落的扩散运动中发挥着积极的资源引导和聚集作用。与此同时，出于北疆战略考虑和屏卫京畿需要，利用明代

① 清圣祖实录・第五册 [M]. 北京：中华书局，1974.
② 同上。
③ 赵翼 . 瓯北诗话 [M]. 南京：江苏凤凰出版社，2009.

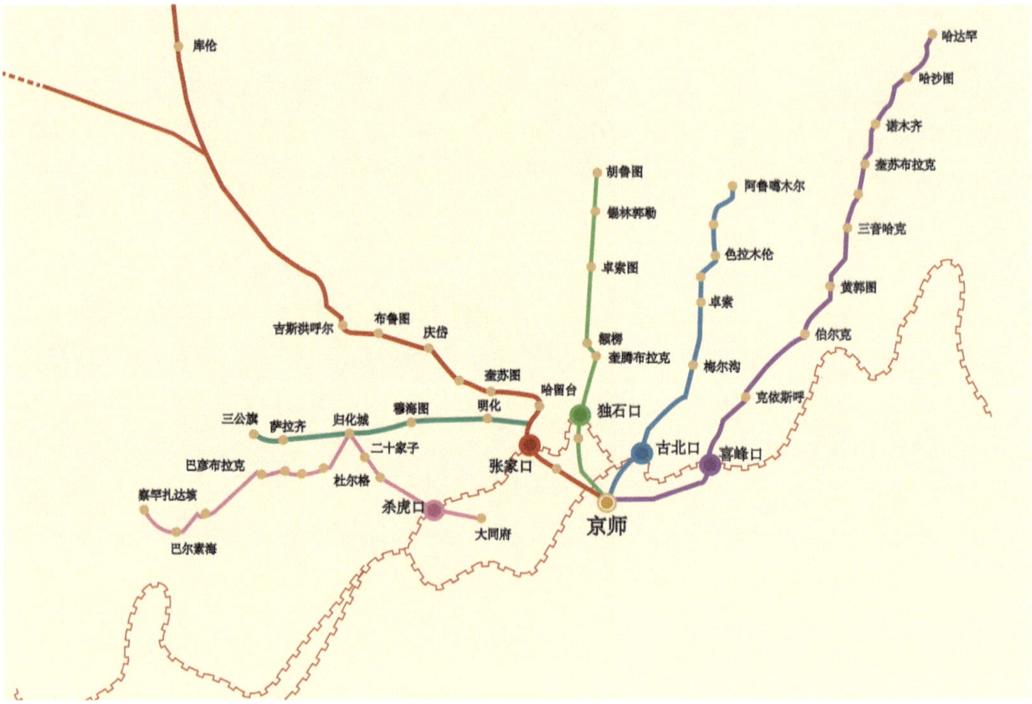


图 4-14　清代口外五路示意图（作者绘）

大同右卫城已有的军事设施设立八旗驻防和右卫建威将军（后改绥远城将军），并在其所属的长城边堡增加驻军，清代边疆地区的军府制度从此肇端（图 4-15）。此后，在长城沿

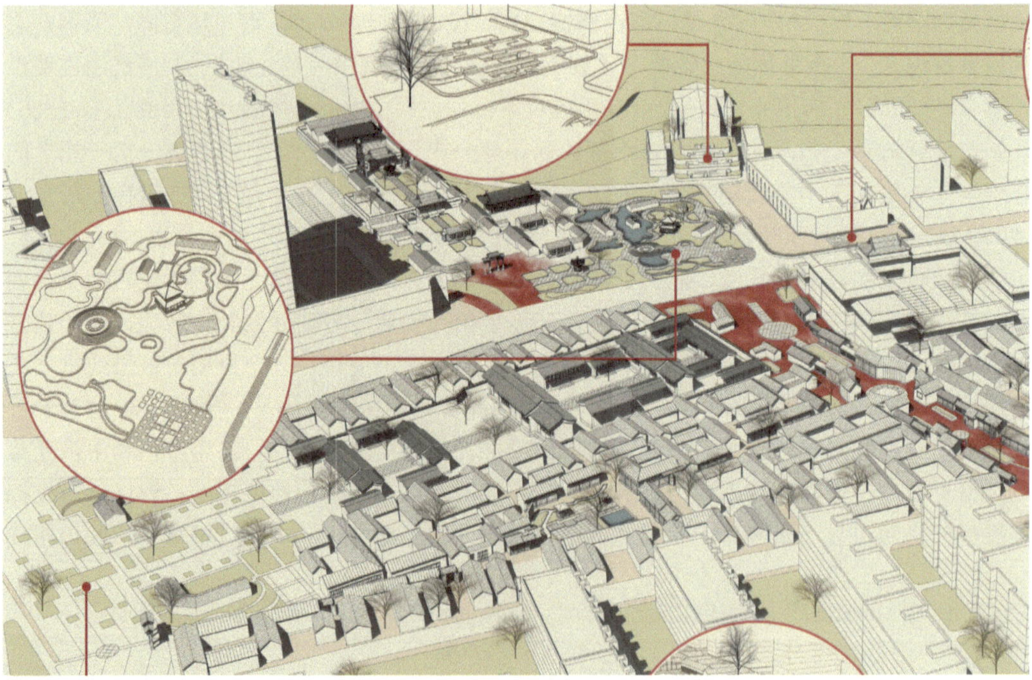

图 4-15　察哈尔都统署（作者绘）

线继设宁夏将军、凉州将军、察哈尔都统、热河都统等，共同构建出外控蒙古、内慑汉民的近边固守的八旗驻防体系。另外，“兴黄教以安众蒙古”成为控制北疆、屏垣朔漠的国策，黄教作为“驭藩”工具成为抵御外侵的“无形之长城”，在清朝统治者的尊崇与扶植下，以多伦诺尔、归化为中心的召庙遍布整个蒙古高原（图 4-16）。随后，旅蒙商在召庙周边迅速聚集，开拓了内地与蒙古乃至俄罗斯的商业贸易交流。昔日浴血厮杀的长城关口易为熙熙攘攘的贸易市场，一个拆除了民族壁垒的封建大国的全国贸易市场正在形成，对于安抚蒙古各部、奠定北疆版图具有重大的历史意义。

### 2. 清口外蒙地聚落层级体系

清代，口外蒙地“朔漠屏藩”的战略地位和军事属性远胜边内，其聚落体系除了兼有行政和经济属性外，军事驻防更是其产生和发展的重要推力。聚落遵循特定的组织结构关系而凝聚成整体，每个聚落都定位于系统之中，在与外界发生关联时获得存在意义，其行政体系反映聚落控制层，军事体系表现聚落驻防域，经济体系折射聚落市场圈。当然，相

图 4-16 多伦诺尔汇宗寺（作者摄）

同地域的聚落结构会发生历时性的演化，而共时性的各地聚落体系也因地域性而不尽相同。随着农垦开发的深入、行政区划的调整、防御纵深的扩大、市场功能的增强，口外蒙地从“藩地”向“边地”转化，边内沿线从“边地”向“内地”转化，二者聚落空间格局逐渐趋同，长城作为异质区域之间的硬边界作用逐步淡化（图 4-17）。

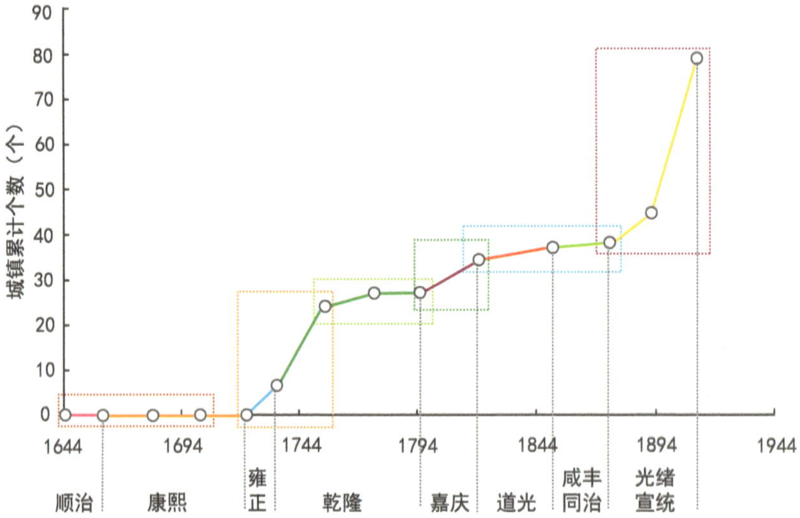


图 4-17　清口外蒙地城镇聚落增长图（作者绘）

（1）聚落行政体系控制层

随着口外蒙地的放垦和移民的大量涌入，出于“蒙汉分治”和移民管理的需要，以“设厅—厅改州县—次县级市镇设佐贰官—次县级市镇脱离母境改州县—次县级市镇再设佐贰官”的设治模式渐进扩散。首先，基于就近原则、移民来源、文化趋同、战略部署等考虑，将口外蒙地分隶于比邻沿边直省的“道”级建置，除直隶口北道骑跨长城外，其余皆南界长城。因西北用兵和木兰秋狝，雍正元年首设归化、热河二厅，形成“道—府／直隶厅／直隶州—县／散州—次县级市镇”四级行政治所体系。至清末，山西省归绥道（治归化城）下辖抚民厅十二座，次县级市镇四座；直隶口北道（治宣化府）下辖张家口、独石口、多伦诺尔三厅，次县级市镇六座；直隶热河道（治承德府）下辖承德府、朝阳府、赤峰直隶州以及十县（州），次县级市镇十六座；奉天洮昌道（治辽源州）下辖昌图府、洮南府、法库门厅、辽源直隶州以及九县，次县级市镇五座。吉林西南路道下辖长春府及三县，次县级市镇三座。此外，在西北地区的明长城军事聚落设立管理蒙古内地民人事务的机构，如神木理事司员、同知管理鄂尔多斯六旗，宁夏理事司员、同知管理鄂托克、阿拉善二旗，安边同知专管蒙古屯田兼捕盗事宜（图 4-18）。各级聚落之间的距离可以反映控制层级，按照道域范围，口外地区道—府／直隶州／厅的距离平均 170 千米左右，如直隶口北道为 150 千米，热河道为 230 千米，归绥道为 135 千米；府／直隶州／厅—县／州的距离中，口外边地区约为 75 千米，口外腹地接近一级平均距离。整体来看，一级距离代表着广度扩散，二级距离预示着深度开发，口外治所控制范围与长城线的距离直接相关，距离越远治所的控制距离越大。由于地区发展的不平衡性，空间结构呈现出上级治所接近次级治所几何中心的“众星拱月”均衡性和偏离次级治所几何中心的“簇状”非均衡性的聚落控制层级。

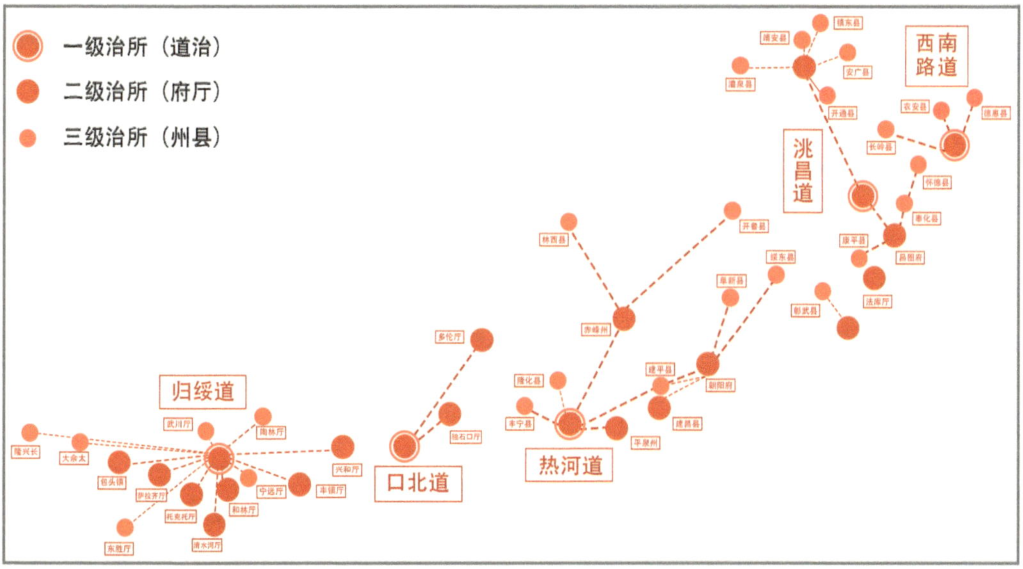


图 4-18　清代口外蒙地行政体系示意图（作者绘）

（2）聚落军事体系辐射域

驻防体系构建。清代，具有隔离封管功能的长城并非多余之物，出于防御蒙古和监控内地的双重需要，依托明长城军事聚落构建出边外八旗和长城绿营两套相对独立的军事驻防体系。边外的八旗驻防主要分布于土默特、察哈尔、热河地区（图 4-19）。为西北对准噶尔用兵和震慑漠南诸部，在归化城东北五里新筑专供八旗驻防的“绥远城”，山西右卫

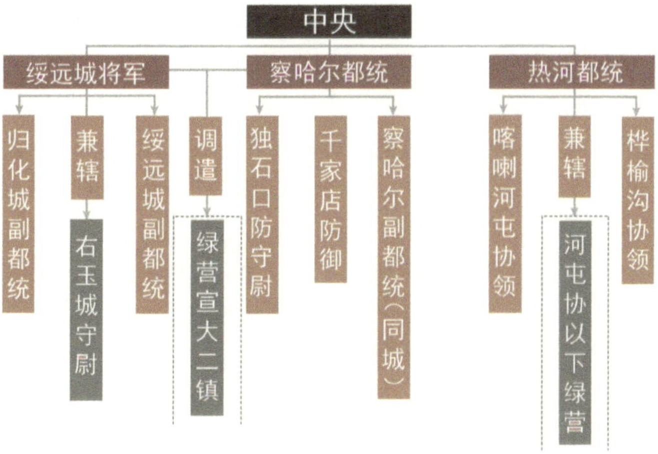


图 4-19　口外蒙地八旗驻防层级体系图（作者绘）

将军改驻于此为“绥远城将军”。为监控边外察哈尔部，设立察哈尔都统驻劄于张家口，下辖张家口、千家店、独石口三处八旗驻防。为热河行宫戍守，赋权热河都统节制热河、喀喇河屯、桦榆沟三处八旗驻防以及木兰围场（图 4-20、图 4-21）。明长城军事聚落依然是不可或缺的组成要素，口外绿营多节制于此，蒙地聚落成为长城驻防体系在蒙地的延伸和子系统。如土默特绿营隶属大同镇杀虎口协和得胜路，热河绿营隶属古北口提督下辖的河屯协，口北三厅绿营隶属宣化镇。其中，杀虎口协统辖归化营和靖远营，得胜路兼辖丰川营。河屯协（驻劄承德府）协标左营驻劄热河，右营驻劄土城子，唐三营驻劄唐三营，八沟营驻劄平泉州兼辖建昌、赤峰、朝阳营。宣化镇张家口协统辖左中右三营，兼辖怀安等八营；独石口协统辖左右两营，兼辖多伦诺尔等六营①。光绪七年（1881）置多伦诺尔协，并析张家口协左右两营来属，原多伦营为协标中营，左右营分驻多伦诺尔和经棚。驻防八旗及家属聚居于专设营城，绿营兵弁和妻儿多散居于城内私宅。

驻防层级控制。蒙地驻防聚落格局采用节点控制与网络覆盖并置的结构模式。《钦定大清会典事例·卷四十五兵部》记载，八旗“驻防，则受治于将军、都统、副都统、城守尉、城防尉”，不设将军的地区置都统为最高武官。绿营兵制脱胎于明代镇戍制，实行“镇—协—营—汛”的驻防统辖结构，对应“总兵—副将—参将 / 游击 / 都司 / 守备—千总 / 把总”的武职层级。总兵掌理本镇军务，副将协防要害地区，营由参、游、都、守直辖，营下设汛由千总、把总分防（图 4-22）。根据武官级别可以将口外驻防聚落划分为中心、州县和基层三个层次，中心驻防屯于地区首治或最高级别城镇，专职镇守的绿营中枢——“镇”驻防于长城及其以南地区，对应八旗系统的将军 / 都统或绿营系统的副将，在区域驻防域中占据中枢地位，如承德府是热河道治所在，同时驻扎有热河都统和河屯协副将。州县驻防治所包括厅、州或县，基本对应营制，归绥为“多厅一营”、口北为“一厅多营”、热河为“一县一营”。大多分汛设置于未派佐贰官的重要集镇，以绿营武力作为后盾确保行政系统的终端延伸和管控。

驻防空间结构。清代，八旗专司节点控制、绿营负责地面弹压，共同实现内控汉民、外慑蒙古。口外蒙地的绿营驻防大致沿长城线北侧横向并列分布，互不统属，各有防区（图 4-23）。同时均纵向节制于长城沿线的上级驻防城，如多伦营初期节制于宣化镇独石口协、河屯协节制于古北口提督，归绥绿营节制于杀虎口协，形成以蒙地、长城绿营为第一、二道防线的纵深防御态势，整体呈现出若干个依托长城面向口外蒙地的簇状放射分布的空间结构。其中，绿营驻防结构与明代长城防御体系存在密切联系，不少长城边堡作为绿营或分汛驻地继续发挥作用。如为保障多伦诺尔日益频繁并不断扩大的宗教活动和商贸交往，雍正十年（1732）始设千总驻防；乾隆二十二年（1757）添设多伦营都司驻防；光绪七年（1881），张家口协副将移驻于此。八旗驻防区域首治或核心城市，如绥远城将军驻归绥道绥远城、察哈尔都统驻口北道张家口、热河都统驻热河道承德府。紧急态势下，绥远将军、察哈尔都统可调遣宣府、大同二镇绿营，热河都统可兼辖河屯协以下绿营，以“八旗统领兼辖绿营”的方式完成由“依托长城多中心簇状的常态值守”转换为“高级聚落前置

---

① 王云五 . 清朝文献通考 · 第二册 [M]. 上海：商务印书馆 ,1936.

图 4-20　1907 年的热河外八庙[①]

图 4-21　1907 年的热河行宫[②]

---

① Boerschmann E. Baukunst und landschaft in China[M]. Berlin, Germany: Wasmuth, 1923.

② 同上。

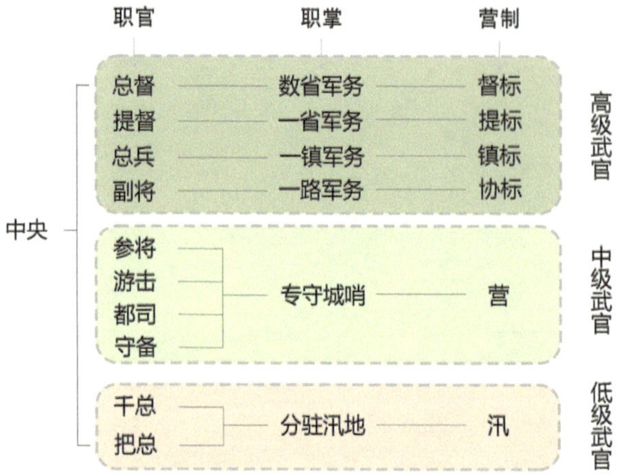


图 4-22　绿营营汛层级体系图（作者绘）

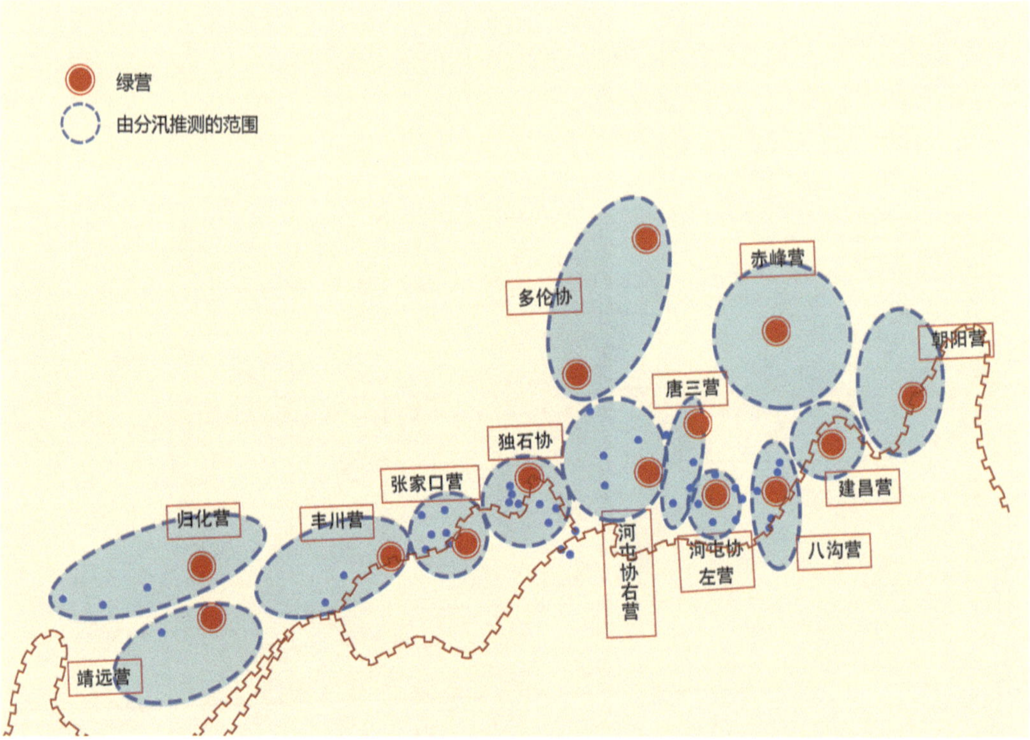


图 4-23　清代口外蒙地绿营横向分布图（作者绘）

的应激体系”，口外八旗驻防担当起整合系统的最高统驭重心，长城军防成为后备和补充。在驻防位置不变的情况下，攻守状态的快速转换既可避免因蒙地驻军引发民族矛盾，又可就近形成有效威慑（图 4-24、图 4-25）。

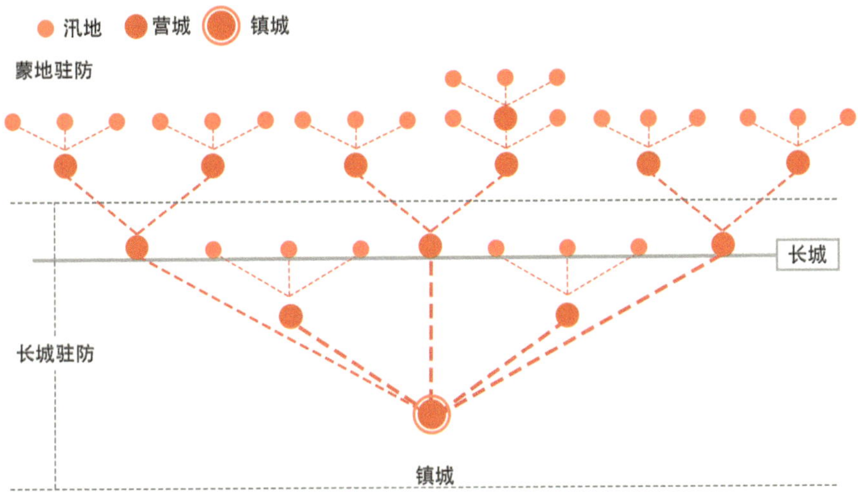


图 4-24　清代长城应急状态防御结构图（作者绘）

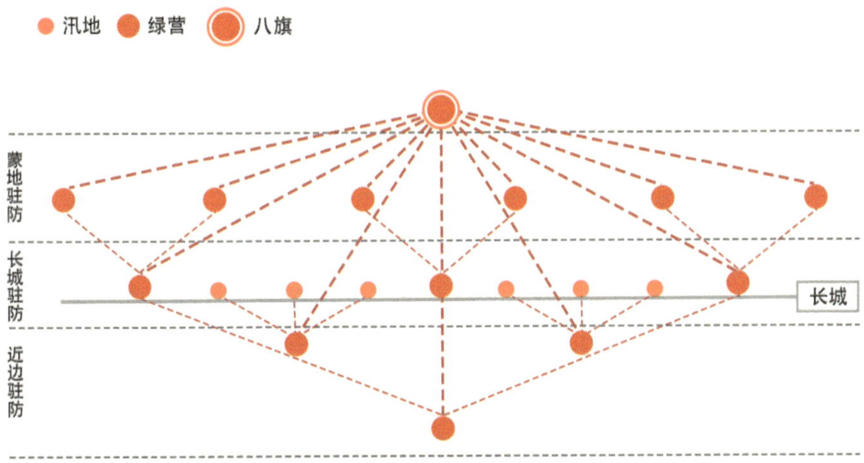


图 4-25　清代长城常态状态防御结构图（作者绘）

（3）聚落商贸体系影响圈

“商业依赖城市的发展，而城市的发展以商业为条件”。中国古代大多数城市“首先是有计划地将城市的外壳——城墙兴筑起来，内部的一切才继之而发展”①。相较政治军事，商业职能使城市在更大的范围内形成潜在的人口吸引和经济影响圈。清代，长距离和大规模的商品流通加强了区域间的横向联系，并将聚落空间整合至全国性的市场时空网络之中，经济要素逐渐成为推动聚落发展的主导力量。清代“旅蒙商”以喜峰口、独石口、张家口、杀虎口、定边、花马池等长城边市及口外的归化城、多伦诺尔、承德等为商品中转和集散地，

① 李允鉌．华夏意匠：中国古典建筑设计原理分析 [M]．天津：天津大学出版社，2005.

发展出对蒙对俄的陆路贸易，大量围绕行政中心、军府驻地、交通枢纽、蒙旗寺庙等节点的草原商贸城镇迅速崛起。

完整的市场网络主要包括门户、中间、末端三个层级。清代，依托长距离运输将原本分散的节点整合成统一的中转市场，并凭借数目庞大的基层市镇完善了商品集散终端，二者分别从首尾两个方向推动着市场网络的建构。中间通过批发、集散市场承上启下确保双向流通。中转市场建构着区域首邑城市，作为外部大宗商品输入及本地物产输出的门户，一般设有中央级榷关，成为沟通长城内外的口岸枢纽，归化城关凡由德胜口、东口、后山、西北古城驮运货物以及本城贩运的一切粗细货物一律应税。多伦关出自古北口及库伦、恰克图、盛京运至货物一律应税；张家口关顺治元年开征，雍正年间成为中俄贸易口岸并确立了对蒙对俄的贸易辐射（图 4-26）。批发市场根据辐射范围分为辐射数个州县的地区级和以本县为域的地方级。地区级市场所在城镇分布于高级中心之间的商路沿线，是跨区货运的次级中转，如丰镇、包头、赤峰等；地方级市场所在多为普通州县或小府，偏离主要商路，过境货物较少，商品大都在本境销售。集散市场是外部商品进入地区的终端以及本地物产进入流通渠道的起点，所在为州县之下的中心市镇或发展滞后的县城。集贸市场以基层市镇为中心辐射周边村屯（图 4-27）。

宏观来看，口外蒙地市场空间主要分为归绥、热河、东蒙三个区域。例如，归绥地区的高级市场体系为“一主两从”。“一主”为归化城，是地区最高级市场所在，承接西北、漠北和边内之间的货物中转；“两从”为丰镇厅和包头镇，分别是归绥地区东西两端的次

图 4-26　张家口关（作者摄）

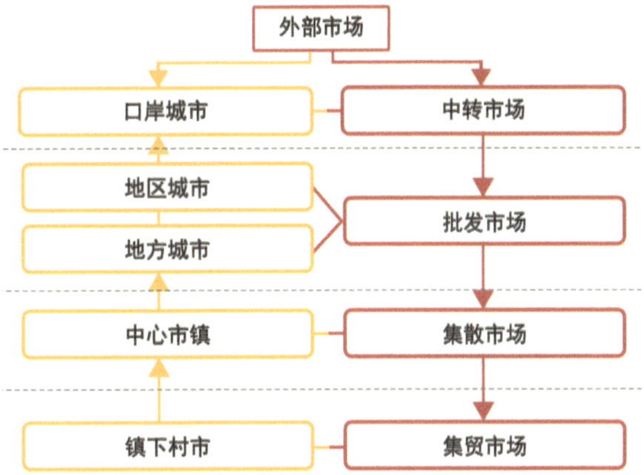

图 4-27　口外蒙地市场层级图（作者绘）

级中心，包头是绥西地区的水旱码头，丰镇是张家口到归化城和库伦商路上的中转枢纽。市场经济不存在统一且明晰的标识，其与聚落的军政等级也并不存在着明确的对应关系，而是多种形式叠置的复杂体，其构建更加注重距离、规模、层级成本和经济效益最大化原则，如行政级别上仅是萨拉齐厅下辖的包头镇，所拥有的票号数量竟然远超东蒙。此外，蒙古王府驻地或寺庙所在也相应地发展出一定聚居和商业规模的城镇，如由喀喇沁右翼旗王府及福会寺发展而来的大营子、阿拉善和硕特旗王府及延福寺发展而来的定远营，由克什克腾旗庙—庆宁寺发展而来的经棚等。

## 二、长城军事聚落景观空间模式

### （一）明长城军事聚落

#### 1. 聚落景观空间

明长城聚落依据赋存环境体现出“因地形用险制塞”的设防思想，选址多遵从依高、临水的设险原则，着重于“军事掌控”和“要地占领”的安全考虑。同时，综合考量地理地貌、气候资源、区位交通、水源耕种等方面的生态安全因素，以及在军事活动优先的情况下有效利用山水形势、改造地理形胜的军事安全意义，从而克服不利因素和强化防御意识。“盖非此不足以阻胡马之陵铁，盗贼之寇抄也。凡聚众据险者因欲久支岁月及给养能自足之故，必择险阻而又可以耕种及有水泉之地。其具备此二者之地必为山顶平原，及溪涧水源之地，此又自然之理也。”① 一旦选址确定，定形的基址地理格局就会深深地影响着聚落的建置形态、空间布局、发展演变甚至今日的遗存状态。其景观空间主要有以下基本特征：一是据边墙扼守要道。明长城沿线的重要边关隘口是防御前沿和重点，长城边堡分段守御边墙、控扼隘口，形成以长城为依托的发散型聚落集群，整体呈现出沿长城边墙线性高聚集分布并向边内腹地衰减的基本特征。如大同镇杀虎口、得胜口、新平口，宣府镇张家口、独石口以及蓟镇喜峰口、古北口、冷口一直是边外蒙古部落侵扰的通道，地当南北要冲，历为守御重地，因此也成为长城军事聚落高聚集中心的分布所在。而长城边墙与边堡、边堡之间的横纵距离也因地形地貌不同而各有远近，纵向距离一般在 5 千米以内，甚至有的边堡的城墙就是长城边墙；横向距离一般为 15 千米左右，如辽东镇每 15 千米置一堡，榆林镇

① 陈寅恪 . 金明馆丛稿初编 [M]. 北京：生活・读书・新知三联书店，2001: 191-192.

每 20 千米设一堡，宣府多为每 10 千米设一堡，大同镇无山险可守，边堡之间的距离多小于 10 千米。二是树枝状分路防御。作为“树干”的镇城统辖道 / 分路，分路作为“枝干”，城堡作为“枝叶”，整体呈现出树枝状分路防御的结构特征（图 4-28）。其中，镇城居于军镇核心位置，等级最高；分路城堡近边，以军事驰援及物资转调为主；沿边城堡数量最多，控扼重要隘口，等级最低。以镇城为中心，各路分据四方，路城分布在长城沿线，便于指挥前线各堡作战，同时各堡守望互助，游击将军往来策应，整体镇城与各路城、路城与各堡城均呈放射状分布。前沿扼山口，腹里守干道。三是兼生产外防内屯。卫城一般选址于靠近长城边墙、较易受到战事侵扰的区域，多与分路城堡重合；而所城则多位于战事少发的州县腹地境内，聚落规模居中，以负责屯田生产、保护交通、后勤补给为主。总而言之，长城防御体系将线性长城视为无数个可以作战的点的聚落集合，其等级结构兼具由军镇中心环绕分布的等级特征和向长城逐层分形放射的结构特征，边墙、城堡、烽燧、驿站之间相对固定的战略间距和布局特点形成了区域网状的防卫圈。

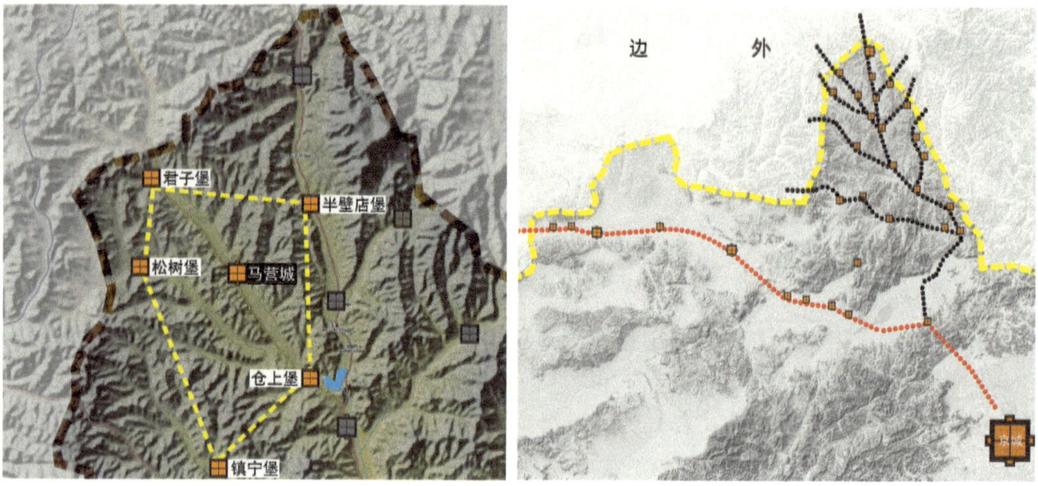


图 4-28　长城聚落防御结构示意图（作者绘）

## 2. 聚落景观表征

在长城防御体系语境中，聚落外部轮廓的形态结构和聚落内部组合的功能要素是表征军事聚落的基本指标，蕴含着丰富的文化内容。外在形态的构筑既有政治军防因素影响下对山川地势的利用，也有农业社会因素影响下对自然环境的因借；内部形态的营建既能满足戍守军士家属的生活所需，同时也体现着明代边疆农牧文化形态的交融。

（1）外部：形态结构

城垣形状。高大墙垣包围的城池形象是中国古代聚落的真实写照，坐北朝南、四维八方是明代城市追求的理想模式，也是从聚落布局规制上的传统礼制复归和总体形态指向，而在实际营建中，仅具有观念的“导向性”，而不具备规制的“强迫性”。但是，对于长城军事聚落来说，选址于地势平缓的聚落不受地形约束，其城垣尽可能多的采用规整的方形或矩形，其规模较大。部分聚落的选址为山水环境所限，从而进行整体压缩或局部调整，城垣内部无法利用的山地面积占比较大。从聚落的实际运作来看，矩形城垣能够适应营房的长方形形式和联排布局，从而服务于高效管理军士的需求。明代的城防设计、施工工艺日臻完备，而且长城军事聚落的城垣至迟到万历年间已经基本完成砖甃加固，城垣筑有敌台（马面）、角台，相应设置敌楼、角楼，外围大多挖壕蓄水保护城池；部分聚落为加强主城防御或风水屏蔽另建有罗城或关城，成为时人纵览长城沿线地区目之所及的营建和构筑盛景（图 4-29）。

城门方位。城门是城内与外界沟通的关键所在，是整个城池守备体系的核心。汉民族“尊南卑北”的空间方位观念一直存在于长城军事聚落营建之中。城门数目基本以全城八门为上限，以四门与三门为多。其中，北无门者较多，除避“王气后泄”风水之说，更重要的是衙署多位于靠北位置，北若无门，可免受第一时间攻击，在布置攻防方面更为有利。城墙有高、厚之别，濠池（护城河）亦有深、阔之分。城墙平均高度多在三丈五尺以上和四丈二尺以上。较低者多借用天险进行加持；城墙最厚者可达三丈至四丈。护城河作为保护城墙的水域屏障在深度和宽度上也呈现出较大的差异性，二者共同构成城池灵动、碧波环绕的“金城汤池”景观。城门的开设方位与所处自然地形的限制和具体职能的要求直接相关。从聚落内部来看，城门与聚落主干道直接相连，干道方向大多既与聚落轴线方向相重叠，又与建筑布局、朝向等直接相关。从聚落外部来看，周遭山形水势直接影响城门的设置和轴线方向，南北轴线方向也会有不同程度的偏转。中国传统风水堪舆学说讲究通过龙、砂、水、穴的细致考察、权衡来确定基址和坐向，进而确立城门方位。《阳宅会心集》云：“城门者，关系一方居民，不可不辨，总要以迎山接水为主，如有月城（瓮城）者，则以外门（瓮城门）收之；无月城者，则与城外建一亭或做一阁，以收之。”此外，也会通过修景、造景、添景等方法借助风水建筑（祀佑建筑）的兴建来弥补因注重军事地理环境而潜在的“不利”

图 4-29　蔚县北城城池图（作者摄）

格局和自身的“结构缺陷”，从而附会“逢凶化吉”而达到布局构建的完整、协调。而城门上方所嵌的石刻匾额命名和聚落称呼更是意喻了保家护国、期盼战争平息、生活安定的美好愿望，如“安澜”“永宁”“保障”等匾额命名，“安边”“定边”“靖边”“镇安”等聚落称呼（图 4-30）。

图 4-30　长城城堡城门（作者摄）

（2）内部：功能要素

长城军事聚落内部主要通过主街、次街、小巷划分空间格局，衙署、居住、寺庙等被设置在相应区域。受聚落职能和规模影响，最低级的聚落一般只设置东西或南北方向的单条主街即可满足要求，而部分职能多样的聚落则表现出复杂的功能属性，如军事、居住、祭祀、行政、教育、商贸和娱乐等。其中，军事、居住功能在长城军事聚落中最具普遍性。长城聚落除了物质性军防设施外，还设有仓储、草场、神机库、武备库、校场等辅助建（构）筑物，是其创建伊始最主要的价值和功能表现，决定了长城聚落存在发展的必要支撑（图 4-31）。家属同守与寓兵于农是明朝卫所军屯制度的主要特征，其目的在于自给军粮、固边御敌。《明史·兵志》载：“东自辽左，北抵宣大，西至甘肃，……在兴屯矣。”因此，以家庭为单位的军屯居住模式使得聚落中营建了大量住宅建筑，也成为清代人居环境变迁的内在动因。同时，长城地区庵观寺庙固多，梵宫神宇几遍。除由官方祭祀的先农、社稷、山川坛庙外，祀佑类建筑形式多样（图 4-32）。据《朔平府志》载：“至士子祀先师文昌，农祀龙神，市人祀关圣、财神，各从其类。”[①] 明朝，城隍信仰撰祭普遍化、制度化，长城军事城堡皆有城隍庙。龙神与农业生产关系密切，其祀最为普遍，各村俱建庙。马神对于农耕和游牧民族及军队用马作战都至关重要，州县和较大村落皆设马神庙。旗纛神是军旗之神，其祭祀活动具有鲜明的军伍特色。明朝正式将武圣关羽载入祀典，形成了无乡

① 王霷，刘士铭 . 朔平府志 [M]. 李裕民，校 . 北京：东方出版社，1994: 137.

图 4-31　宣化钟鼓楼（作者摄）

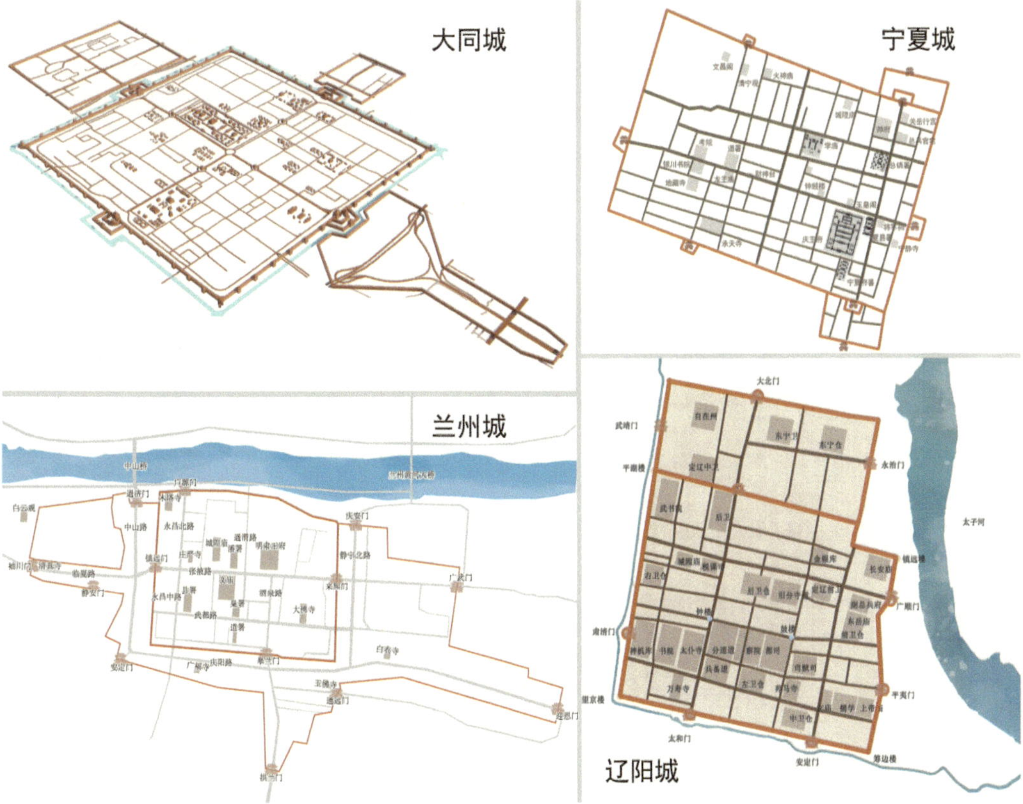


图 4-32　长城聚落景观功能要素（作者绘）

不有关帝庙的局面。为保农业丰收，各地均建有大量龙王庙（图 4-33）。此外，更多的是道观、佛寺及清真寺（图 4-34、图 4-35）。商业贸易为长城聚落的发展注入了活力，明代在边墙境界由官方指定的蒙汉互市贸易的场所通称为马市，隆庆和议后，陆续开市十一处：大同镇的得胜口、新平口、守口，宣府镇的张家口，山西镇水泉营，榆林镇红山墩，宁夏镇清水营、中卫、平虏卫，甘肃洪水扁都口、高沟寨（图 4-36）。马市分为堡群式、墩院式、关城式。如明万历三十六年（1608）建成的镇北台，是为了保护设在榆林城北九里处长城边墙的红山墩马市，同时建有商贸洽谈、举行仪式的款贡城和易马城。万历四十二年（1614），宣府巡抚汪道亨在宣府张家口堡北五里的长城隘口新筑互市市圈“来远堡”（图 4-37）。

图 4-33　开阳堡玉皇阁（作者摄）

图 4-34　右玉宝宁寺（作者摄）

图 4-35　蔚县灵岩寺（作者摄）

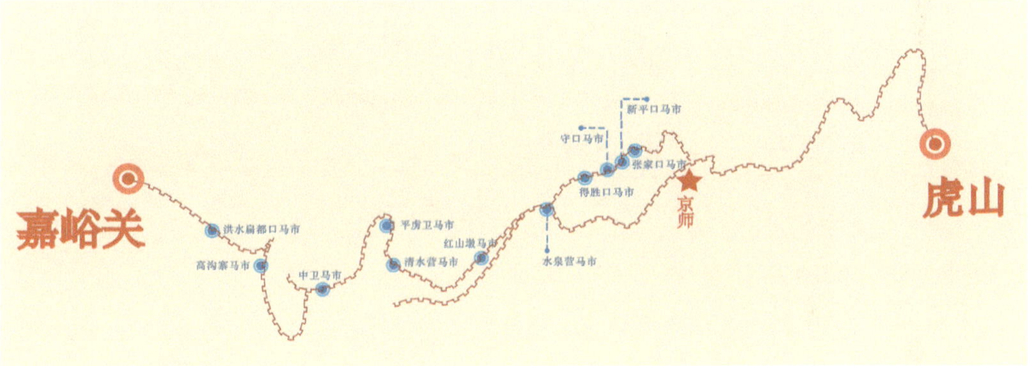


图 4-36　长城沿线马市位置图（作者绘）

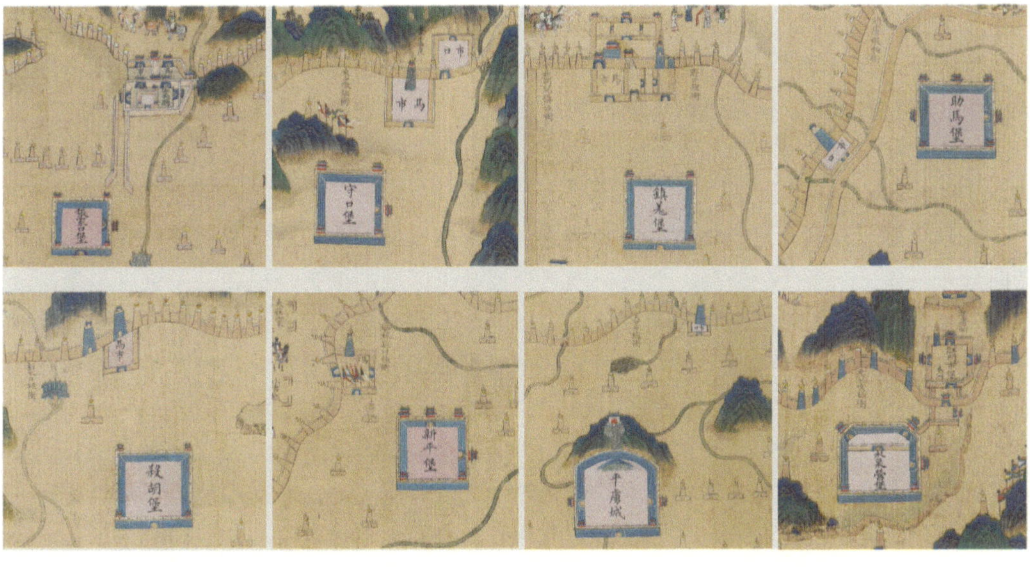


图 4-37　长城沿线马市图景（作者改绘自《宣大山西三镇图说》）

再有，行政、教育和娱乐类功能要素基本只在较高等级的军事聚落中出现，但也存在特例。个别堡城由于所处位置的特殊性被赋予了复杂的功能要素，如杀虎堡除设立马市外，堡内还设有扎税部、户部抽分署、驿传道署以及商铺等（图 4-38）。

图 4-38　杀虎口关（作者摄）

## （二）清口外蒙地聚落

### 1. 聚落景观空间

口外蒙地聚落景观包括从聚落到关口聚集度和驿路邻近度出发，通过蒙地内部横向和长城南北纵向的比较，确定聚散状态的共时还原；以及通过指定驿路和关口形成口外蒙地聚落随机分布—局部有组织聚集—整体自相似扩散的演变轨迹。

（1）聚散状态

地理坐标反映聚落空间位置的拓扑关系，聚落分布数量由长城向蒙地深处逐渐递减，径向分布整体呈东多西少格局。聚落密度直观反映该区域的聚集规模和开发强度，聚落散布的三个集中区分别对应土默特高原—燕山山地—东北平原的三级地理台阶，呈东北—西南走向的月牙状，即吉林西部—奉天西北部—直隶北部—山西北部一线。其中，城镇凝聚的最高核心分别位于归绥和热河附近，形成“双核对峙”格局；察哈尔以东城镇分布于直隶、辽东边墙北侧、昭乌达和卓索图盟南部，呈“多核串联”，以承德府为首个聚集中心向东北延伸，且越往东北方向聚集核之间的间距越大，分布越稀疏。燕山山地以丰宁、建昌、彰武县三地形成聚集带，东北平原以洮南府和长春府两地形成双聚集核。察哈尔以西城镇在归化城附近形成“单核聚集”，以归化城为中心向周边呈阶梯状衰减，在归绥城—和林格尔—萨拉齐区域形成聚落高聚核心，并向鄂尔多斯和河套地区渗透（图 4-39）。

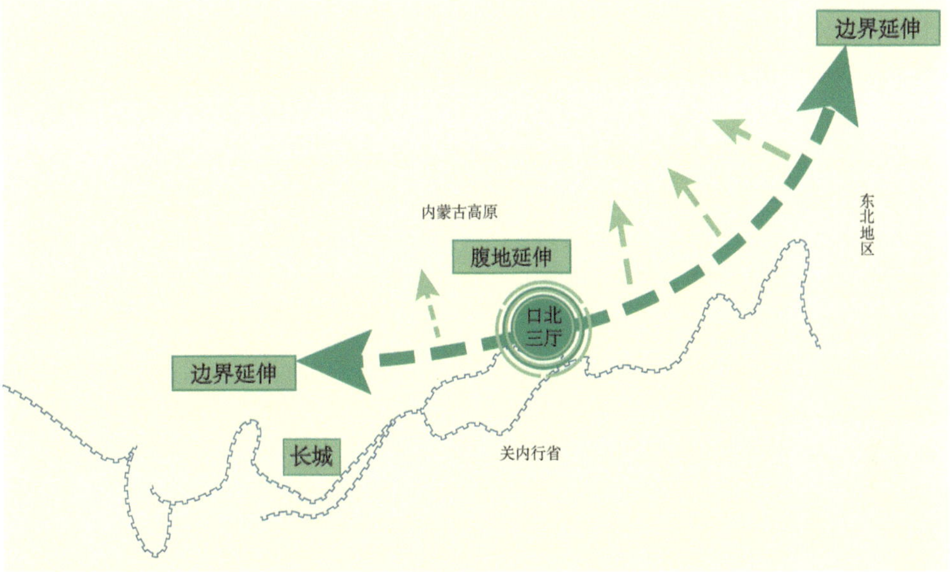


图 4-39　清口外蒙地聚落扩散趋势示意图（作者绘）

（2）空间扩散

不同于边内聚落或因袭前代建置或卫所城堡改置，清初口外蒙地处于待开发状态。在聚落的发展过程中，聚落要素从指定关口出发沿驿路推进，其发展轴在区域中心或交通节点产生聚集，聚落之间的联络线也相应得以延伸，最终形成聚落空间网络。清廷通过严格控制通关文书“票照”的发放，将蒙汉之间出入关口主要限制在长城的喜峰口、古北口、独石口、张家口、杀虎口，战时的攻防要隘转变为和平时期的交流孔道，因此，邻近古北口、独石口、喜峰口的热河地区和靠近张家口、杀虎口的归绥地区与关内的时空邻近度最高，周边城镇分别以吸引力较高的归化城和承德府为区域核心形成分形特征聚集，并向四周逐渐衰减。其中，“以西北用兵军事要地的归化城为核心的归绥道城镇散布于大青山南麓的土默特平原地区，空间容量较小但通达性较高；以清朝第二政治中心的承德府为中心的热河道城镇位于燕山山地，范围虽胜于前者，但多沿沟通畿辅与东北平原的河谷孔道中分布，聚落承载空间较小且之间通达性较差，凝聚能力稍逊于归化城”①。

## 2. 聚落景观表征

（1）外部形制

就蒙地而言，自上而下行政主导的“规整型”聚落与内地治所相差无几；而自下而上自然生长的“自由型”是大部分蒙地城镇聚落的基本形制。作为硬边界和围合态的墙垣不

① 张昊雁，张玉坤，解丹．基于分形理论的清代长城外侧城镇格局研究 [J]. 干旱区资源与环境，2016,30(3): 61-67.

仅在中国古代聚落发展过程中扮演着重要的角色，就口外蒙地而言，以有无墙垣（砖墙／土垣）作为对聚落外部形制的分类依据。只不过因筑城费资甚多，蒙地不少聚落城垣只是草创的土围式结构。

城垣限定的治所。作为新纳入国家管控的地区，蒙地治所城镇聚落的营造更有理由展示帝国政治秩序和开发雄心，尤以人为计划和等级理想营造的规整矩形城垣更接近象天法地的愿景，如绥远城、洮南府城、朝阳府城、开鲁及张北县城等（图 4-40）。不同等级聚落的区别主要体现在墙垣规模的大小和设施的多寡繁简，部分聚落不设城门，仅将附跨街道两侧的商户或民房外墙连接为栅门。从街巷格局来看，规模较大者（如洮南府城）主干街道呈“井”字形，标准者（如绥远城）为“十”字形，中心交叉处往往筑有钟鼓楼、庙宇等标识物，并沿主干道集中布置官署、坛庙等。由于蒙地聚落大都是先自发形成聚居点，再兴起街市，后迫于安全压力才营筑墙垣，故市街建筑漫无规度、参差不齐，道路未取直线，从而致使城垣最终呈现不规则形，如丰镇厅、萨拉齐厅、建昌县、包头镇、经棚镇、隆盛庄镇等，形状以椭圆形、多边形、雁翅形为典型（图 4-41）。先有街市再筑城垣的模式可以有效避免规划和现实偏离的现象。绥远城以钟鼓楼为中心分出东南西北四条整齐划一的主干大街，南北大街偏东，东西大街偏北，南、西门与主干街直通，东、北门与主干街错开呈“拐脖”形式。绥远将军衙署位于西街路北，东街路北建有供奉清帝御像的“万寿宫”，蒙古八旗分驻东北、东南、西南、西北四角，满洲八旗分驻四条主街两侧，称为“四翼八旗”（图 4-42）。

图 4-40　张北县城 20 世纪 70 年代卫星图

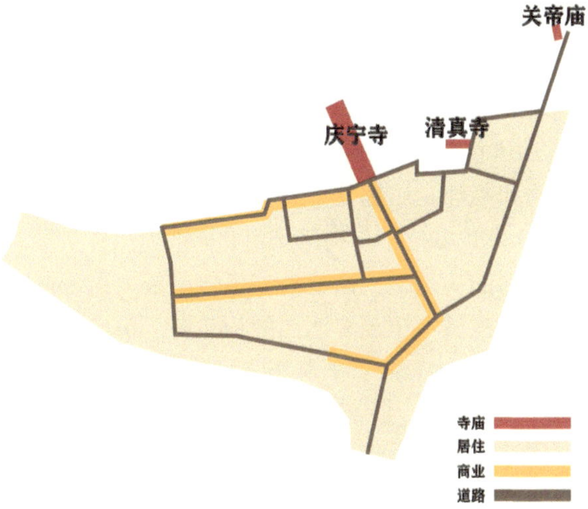


图 4-41　清末经棚空间格局（作者绘）

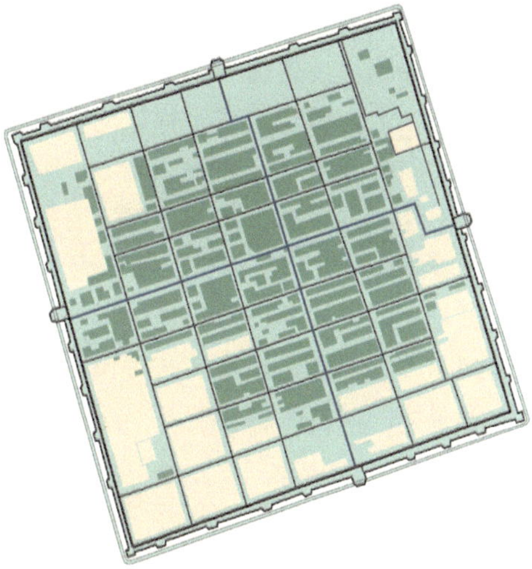

图 4-42　清代绥远城空间格局（作者绘）

自由生长的街市。未筑墙垣的聚落多分布于主要商路沿线，经济属性更为突出，可以从任何位置走入城镇，街区形态自由灵活，是真正意义上的草原聚落。街巷格局包括“一”字形、“非”字形以及复式街区等（图 4-43）。“一”字形街市的商肆、衙署、坛庙等沿交通干道两侧布置，夹道为市，是开放式街巷的最基本形式。道路两端架设栅门，大多为

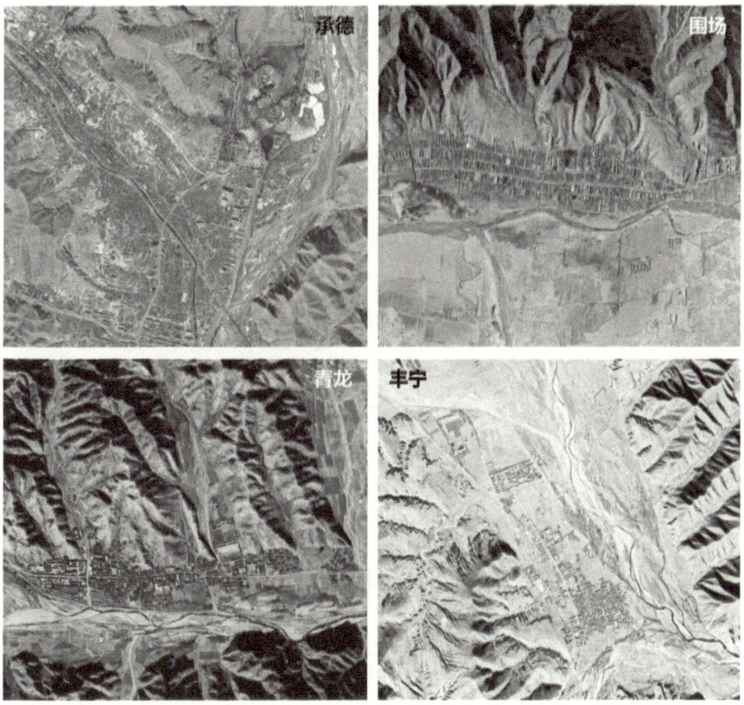


图 4-43　自由生长的街市

集镇或规模较小的州县，如清水河、和林格尔厅。“非”字形街市指一字形主街向两端延展，开始出现辅街与之相交，城市功能出现多元化倾向，如平泉州。复式街市规模更大，由数条大街或正交或平行架构，其间密布胡同巷道以联络，如承德府城三条东西向的大街自北向南分别是粮食街、西大街、旱河堤街。西大街是整个城市的骨架也是最繁华的区域，分布考棚、学宫、都统衙门、府衙等行政机构和酒肆、店铺等；粮食街分布有多座庙宇及粮铺等；旱河堤街沿街商铺多为木材、砖石等仓库。多伦诺尔街区呈南北向的“川”字形，多伦厅、巡检和协标署集中于买卖区北端东西向的头道街，由此向南延伸三条大街，自西向东为马市街、东盛街和牛市街，马市和牛市街在城中止于东西向的长盛街，东盛街则贯穿全城；以长盛街为起点，再向南延伸三条大街，即二城街、兴隆街、福盛街（图 4-44）。

图 4-44　多伦诺尔街区格局（作者绘）

就聚落规模层级的位序关系而言，府级城市（直隶厅、直隶州）包括5府1直隶州19厅。归化、绥远二城城周在15里以上，承德府城周约13里，丰镇厅1673丈5尺，朝阳府城周14里，洮南府城20里160丈，而清水河厅城周最小仅600丈。大府城周约20里、府城约10里、小厅城约5里。县（州）级城市有23个，醴泉县城周最大为16里，彰武县城周最小为1里，城周在8～10里的较多。县下市镇大致可划分为巨镇、大镇、小镇三个层次，相较于普通集镇村市，市镇具有人口和商业的聚集优势，是潜在的州县生发点。巨镇规模超过普通州县或接近大府，如萨拉齐厅的包头镇城周14里（图4-45）；大镇规模接近或等同普通州县，如毕克齐、张皋、隆盛庄及经棚等。小镇作为普通州县境内的乡镇城周不一。城周和聚落规模并不完全关联对等，一是修筑城垣是基于当时的人口容量考虑，因聚落扩张溢出城墙范围形成发达的关厢地区；二是州县因现实发展未达到发展预期而致使城内部分街基闲置，造成城周相同情况下的人口差异悬殊。

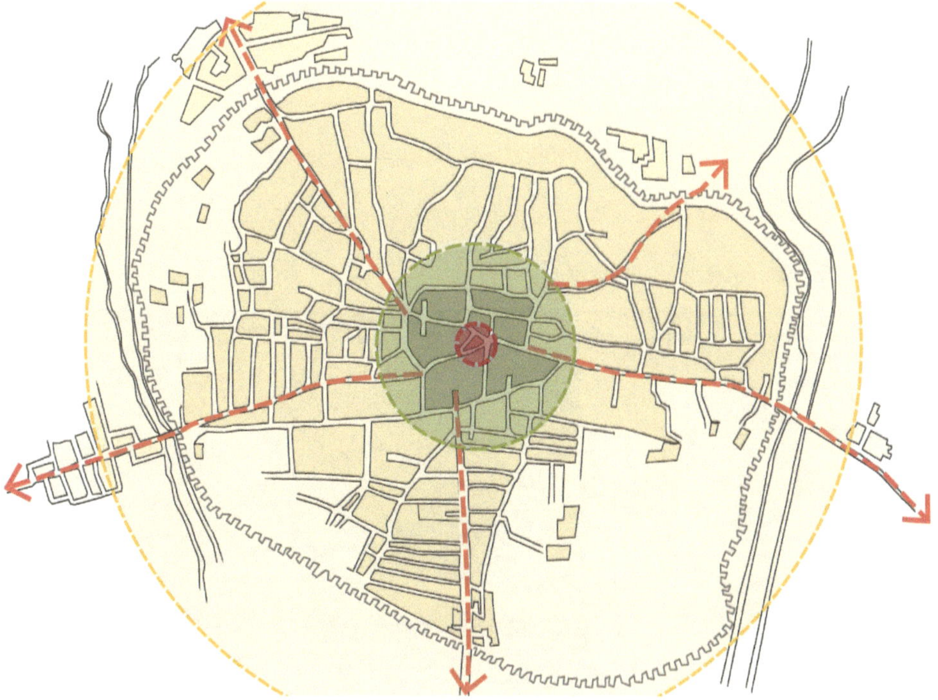

图4-45　1904年包头镇略图（作者绘）

（2）内部形态

首先，古代衙署作为官吏处理军政的场所，为尊崇封建礼制而计划营建并集中布置。蒙地各级官秩衙署的确立更是标榜将外藩蒙地纳入内地的“经画规制”，其大小多寡取决于所在治所的行政级别，建筑布局也采用传统汉式的院落群组形式。其次，文化宣教机构作为宣扬封建教化和推广皇权意识的设施，主要包括各级官学、义学、书院、考棚、劝学公所、文庙等文教场所和宗教信仰观庙、敕令祭祀坛庙、民间祭拜祠庙等祭祀建筑。文教建筑往往部署于衙署附近，如承德府的头道牌坊和二道牌坊之间由西向东依次排列有考棚、学宫、都统衙门、府衙等机构（图 4-46），是聚落人文景观的重要组成要素。蒙地寺庙往往拥有土地的所有权和使用权，随着朝拜活动的兴盛和庙市经济的活跃，在召庙周围产生了集聚效应，围绕其发展出商铺、民居、街道等设施，产生了以寺庙为核心的商业集中区，如归化城南围绕大召、小召、席力图召等喇嘛庙形成了贸易最繁荣、最集中的商业区，呈现出“商贾辐辏、市廛数里”的繁荣景象（图 4-47）。经棚的商铺、货栈、官署、民居等皆以克什克腾旗庙为核心向两翼延展。最后，沿街设立的商铺作坊多为由民房改建而成，这一点与内地州县无异，但同时也出现了迥异于内地的独立于城镇之外的买卖城，如多伦诺尔额尔腾河南岸与汇宗寺隔河相望的新旧两个买卖营，奠定了召寺 + 兴化镇 + 新盛营的基本格局。因此，口外蒙地聚落的宗教、商业区成为区别内地的地域标识。此外，位于城门以外的护城壕桥由于地处往来要道，内外联络方便，再加上便于牲畜宰杀和卫生考虑，发展为专门的市场，如马桥、牛桥、驼桥、羊桥等。

图 4-46　山西会馆（伏魔宫）（作者摄）

图 4-47　呼和浩特大召寺（作者摄）

# 第二节

## “文化—时间”维度关联的叙事历史层积表达

长城聚落以群体的方式营建于国家边疆地区，一方面不断因国家疆域与军事政策的变化而变更；另一方面又与普通人居聚落一样，处于与地域环境共存的动态演化之中，具有特定的演变历程、特征和规律。在时间序列中更迭的政治局势和重大的历史事件导致的功能变迁必然作用于聚落形态之中，无论是经济活动的驱动、交通发展的牵动、技术进步的推动或是社会文化的催动，最终都要落实到与聚落形态、空间环境的相互作用中来。

### 一、长城聚落景观的叙事历史层积

根据长城聚落的演进历程和阶段可将其划分为元代及以前、明代、清代、近现代四个景观历史时间断面，厘清每一阶段的景观特征，从而复原出长城聚落系统而全面的成长脉络与叙事图景。在元代及以前，中央王朝虽然对此进行过长期有效的统治，但农牧交错、民族杂处的人文图景始终没有得到根本性的改变。直到明清，中原农耕与北方游牧民族从激烈冲突到和平共处的关系变化在深度和广度上都对长城地区聚居环境产生了明显的影响，而近代以来的西化仅限于部分功能和意识形态的调试，明代肇建的长城聚落即使到了二十世纪六七十年代，聚落风貌、空间布局、建筑形态的演变都相对平缓，其规模几乎没有突破城池的范围。因此，对其历史层积的分析可主要集中于明、清两个时期。

#### （一）长城边内聚落的肇建与集聚

明代以前，长城地区除了少数地区及城镇以外，地虽阔而居民少，土虽多而耕者少，聚落的特点是少、小、散，保持着一种原生性的状态，但明蒙对抗人为地改变了这种惯性状况，明廷为了防止元朝残余的掠夺和袭扰，将塞外人口内迁，从而造成无人地带。《明史•食货志》载：“徐达平沙漠，徙北平山后民三万五千八百余户，散处诸府卫，籍为军者给衣粮，民给田。又以沙漠遗民三万二千八百余户屯田北平。”由此出现了大批以卫所、城堡为代表的防御性聚落形态。事实上，明长城军事聚落并没有一个贯穿始终的预设修建计划，而是边疆情势变迁和多次建设的叠加结果，明蒙双方势力的消长和政治态度的变化都会对其营建留下印记。

一是明前期——控点奠基。明初，帝国北部边疆防线深入草原腹地而获得较大的战略纵深，蒙古部族在明朝的主动出击下退居漠北，此时的明廷并不注重边墙之设。为防止北遁残元势力复为边患，明廷兴筑部分规模较大的卫所城池驻兵屯戍进行战略控点。前沿防线沿阴山、大青山南麓斜向东北至西拉木伦河一线设有大宁、开平、兴和、东胜等卫所，而以其后所建长城为界的边内地区基本沿用昔有城池进行扩建，设置卫所兼辖地方而作为后备防线，如蔚州、朔州、永宁等，旨在练兵屯田、组织兵源。洪武年间，先后修筑居庸关、古北口、喜峰口、山海关等处长城；建文年间，又修筑河北张家口至山西大同一带的长城防线。聚落的择址以利于交通转运、近水耕屯的河川附近为首选地区，大批世袭军户携家带口驻守边塞，新的聚落雏形显现。

二是明中期——锁边补缺。永乐朝后，随着大宁都司的废弃与口外卫所的内迁，北部防守前线南移至长城大边一带，沿线卫所成为防御主体。为强化长城防御体系，开始在长城沿边设立军镇和镇守总兵官，并通过集中增筑来加大城堡密度，形成区别内外的界限和锁边模式，除了个别聚落选址平坦地形，其余卫所大多坐落于山塬、川道、河谷，以利用山水形势凭险拒守，主要实施的是以野战为主的城堡防御。“土木之变”以后，随着“固守边疆”政策的全面执行，长城军事聚落作为守御长城的基本战略点得到大规模的修筑和扩建，区域内城堡林立，城堡之间也形成了完备的多级互补联防系统，不再单一强调城堡自身的防御功能。

三是明后期——巩固调整。隆庆四年（1570）的“俺答封贡”事件标志着明蒙结束了长达二百年的兵戎相见的冲突局面，长城内外蒙汉民族关系缓和、边境安宁、贸易频繁，“边民垦田塞中，夷众牧马塞外”①，“中国以段布皮物市易虏马，虏亦利汉财物，贸易不绝。东自四海冶，西尽甘州，延袤五千余里，无烽火警”②。但明廷出于对游牧民族南下侵扰的忌惮并未松懈边境防御，万历年间，在经济发展提供的足够物质基础上，除了进行大规模整修和砖甃加固外，也新建了部分城堡，长城防御体系最终完成。

## （二）长城边内聚落的转化与蜕变

清鼎革后，蒙古内隶，边境安宁，明时戍兵大都解甲归田，编为农籍。社会局势经历了从屡遭兵乱到逐渐和平安宁的变迁，长城不再是中原王朝与游牧政权的军事分界线，边内防卫意识浓重的城堡随着战备功能的消失而发生了变化，长城军镇从边防重地转变为隶属于直省的内地州县，长城军事城堡由原来的战备防御功能蜕变成为乡民提供安居乐业空间的生活性功能。长城边内聚落演化为具有行政、商业属性的城镇聚落或为乡民提供安居乐业空间的生活性乡村聚落。比如，从不同时间节点、不同版本的方志中对蔚州乡村庄堡的载述可以看出聚落本身以及当地人对聚落认知的变化。明崇祯《蔚州志》中以“州堡”与“卫军堡”两类来分别记载，强调明蒙对峙的语境下聚落整体上呈现出务实性的防卫特点。

---

① 瞿九思．万历武功录·第九册 [M]．北京：中华书局，1962.
② 薄音湖．明代蒙古汉籍史料汇编·第四辑 [M]．呼和浩特：内蒙古大学出版社，2007.

至乾隆时期的方志，对于堡寨则一律不再称“堡”，皆统称为“乡都”，清光绪《蔚州志》也沿用此例，“四乡图”中带“堡”的村名仅占村落数目的十分之一左右[①]。上述称呼的演变说明，明清两代战和局势下，从战备防御性的“堡”到生活“乡都”的转变，反映出各个时期对乡村庄堡功能的认知异同。城与堡都形成了大量庙宇围绕戏楼的生活娱乐型中心，同时也必将指向聚落实际的建筑类型和形制的变化，其发展变化基本以渐变和突变两种方式进行，并朝两个方向——城镇聚落与乡村聚落转化。前文所述高层次的卫所城堡后来基本转变为府州县城等行政中心，一些中等和较低层次的堡寨则多数转变为以生活起居为主流形态的乡村民居聚落，清代乃至现在大多乡村聚落即由此发展而成，同时聚落也呈现出越来越密集的趋势。此外，商业贸易的蓬勃发展逐渐形成了以经济活动为主导的城镇商业聚落（图 4-48、图 4-49）。

## （三）长城口外聚落的开创与扩散

在中原农耕王朝与北方游牧政权剧烈对峙的时期，口外聚落的兴废变迁取决于双方军事角力此消彼长和疆域进退导致的防御重心的转移。元明易代，口外蒙地因战争破坏，辽金元沿用的州县城圮村废、农田荒芜。明初，出于战略控点的军事需要，在口外既擘画出大宁、开平、东胜和甘肃诸卫等自东向西的宏观战略布局，又构筑出针对特定区域的微观战术部署，如杀虎口外的镇虏卫、云川卫和玉林卫等，它们虽然兼具生产功能，但并不是真正意义上的城镇。正统以后，明朝势力衰微导致防线收缩，卫所全部撤废或迁入关内。直至嘉靖年间，蒙古土默特部领主阿勒坦汗率部驻牧丰州滩，在蒙古部落贵族的主导下，边内迁入的汉人开始兴建农耕生产和定居生活为主的聚落——板升，出现了“南至边墙，北至青山，东至威宁海，西至黄河岸，……耕种市座，花柳蔬圃，与中国无异”的蒙汉杂居、农牧交错的聚落景观。明隆庆六年（1572），阿勒坦汗以板升空间形态为基础在阴山南麓营建“库库和屯”（明廷赐名归化），开创了口外蒙地城市聚落发展的历史（图 4-50）。

清初，口外五路驿站的设立不仅加强了口外与京师的联系，也促进了驿路沿线小型市镇聚落的密集发展，城镇聚落体系开始萌芽。至雍正元年（1723）开始，口外蒙地设置了大量专门处理蒙地汉民事务的地方行政机构——厅，后又建道设县，乾隆《大同府志》载，“蒙古驻牧旧壤，近则设官建邑，制同腹里，几无中外”，形成了厅县蒙旗并置制度和次级城镇的聚落雏形，同时，核心城市在工商业的推动下逐渐按照区域向心集聚。为解决内地空前尖锐的人地矛盾，清代实行招民垦殖、移民实边的政策，边内百姓大量移民口外，涌现出了大量普通村落，“移民垦土，益形进步，北齐燕晋之民，水注云集”。“自张家口至山西杀虎口延边千里，窑民与土默特人，咸业耕种。”基本确立了口外蒙地核心城市、次级城镇、节点市镇、普通村落的多级聚落体系。最终，藩部王公治下的蒙旗权力机构、直省藩司派出的道厅抚理组织、满洲八旗驻防的军事总镇衙门、藏传佛教召庙的喇嘛印务处等系统分治并置，加上以归化城、张家口、多伦诺尔为代表的对蒙

① 庆之金 . 蔚州志 [M]. 北京：中国言实出版社 ,2016.

图 4-48　开阳堡（作者摄）

图 4-49　张家口堡（作者摄）

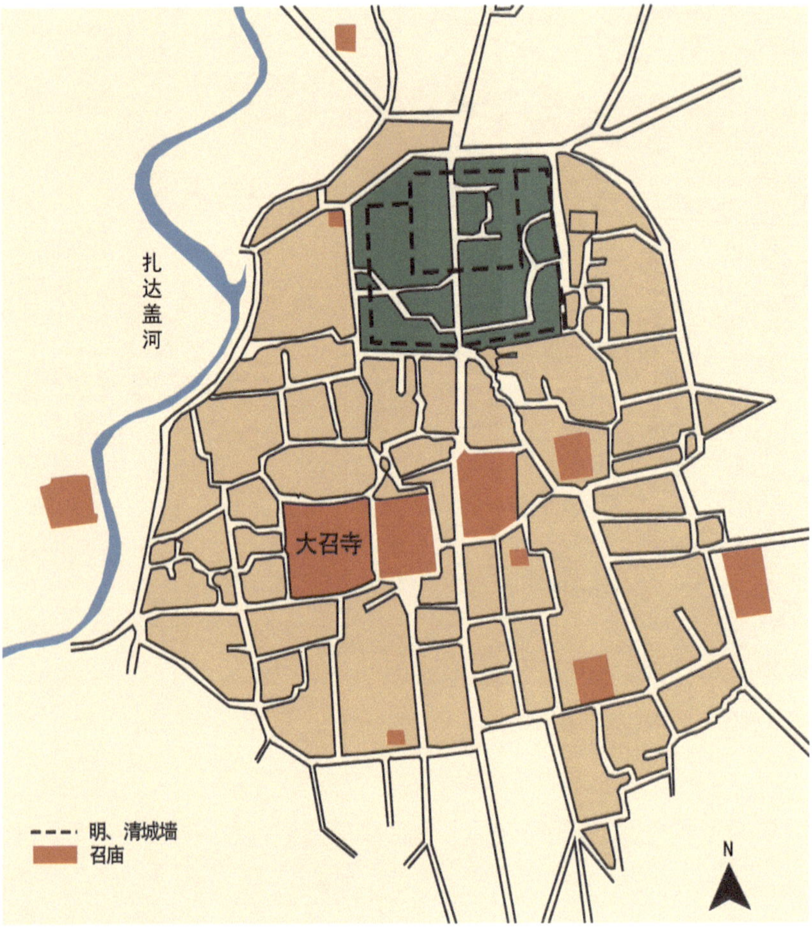


图 4-50 清代归化城空间格局（作者绘）

储运贸易中心，使得明代时的单一贵族聚落向清代集政治军事、交通商贸、文化宗教于一体的复合功能型聚落转变。

民国时期，长城口外蒙地从毡裘毳幕的传统游牧社会演变为壁垒一新的旗县并立、农牧双举的多元社会景观。大批汉族移民成为边内汉文化传播的载体，将内地文化因子、模式，以及农耕文明移入口外坝上地区，逐渐形成了一个移民创生文化区。其中，对城镇发展影响最大的事件便是铁路的修建，从根本上改变了对外经济联系方向，过去驿站或漕运的南北向城市发展带被东西向沿铁路而兴的城镇带所替代。大多数区域中心城市通过交通、人口城镇化和新兴产业的发展使得建成区皆超出了城墙的界限，并出现了新的聚落中心——车站区。在铁路与公路连接或转换节点也催生了一大批因交通运输而兴起的商业贸易城镇，如包头、集宁、兴和、隆盛庄等。如果说清代聚落体系的发展是以“点”的确立，即以城镇聚落本身的形成壮大为特征，那么民国时期由于现代交通体系的发展，聚落体系的演化则是以“轴”的连通及整体区域交通网络的聚落密集发展带的形成为趋向（图 4-51）。

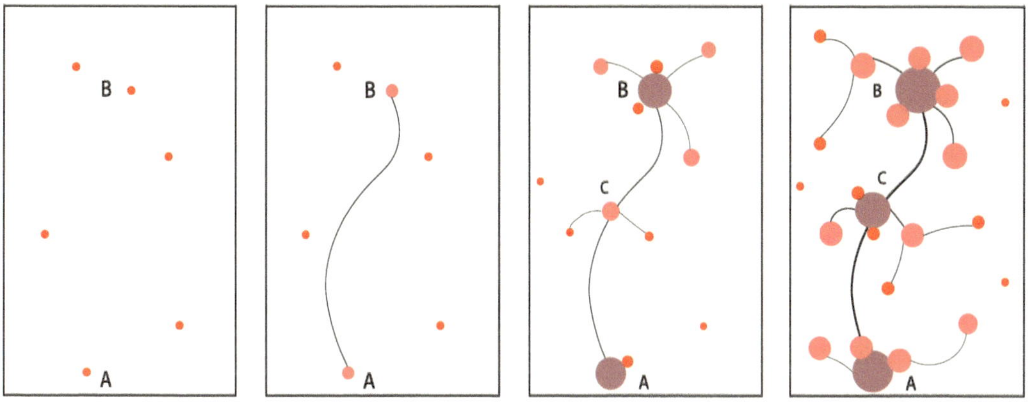


图 4-51 清口外蒙地聚落发展趋势示意图（作者绘）

口外蒙地聚落本体的开创与扩散尤以呼和浩特和多伦诺尔最为典型。呼和浩特经历了单核团块—双城并置—品字组团及扩充的城市发展过程，与之相对应的聚落历史空间在每个时期都会产生景观核心，如单核时期的大召、双城时期的将军衙署、品字组团的火车站等。单核团块空间形态时期为平面方城，城内仅设顺义王府、府仓等少数固定建筑，城南先后营建大小召庙 40 余座，形成王城—中轴线—八字两侧对称分布的聚落布局，兼具了蒙古左右两翼制和游牧民族宿营地的构图方式。双城并置空间秩序时期，南门城召之间的空地形成买卖城街区，建有汉族寺庙、住宅和市肆作坊等，形成游牧和定居文化形态融合的聚落空间结构。雍正十三年（1735），在归化城东北 5 里处新筑具有典型的中原文化城市模式特征的绥远八旗驻防城，二者形成军事、贸易并置的双城结构。1921 年，平绥铁路通车后，围绕车站出现住宅、商铺及工厂企业的新街区，从而演变为旧城、新城、车站商埠区三足鼎立的“品”字形组团空间布局（图 4-52），随后，三个组团之间进行内部填充后，在聚落外围空间拓展、内部结构重置并行演替下逐步演化为圈层式蔓延结构。多伦诺尔因庙而建，俗称“喇嘛庙”，敕建汇宗寺（包括善因寺）建成后，以僧侣和朝拜者为主要消费群体的汉族商人也蜂拥而至，带动了当地的经济发展，刺激了聚落的形成。“以喇嘛庙之名，播于远近，商贾踵集，土地益盛，成巨然一大都市。”沿汇宗寺南额尔腾河左岸，康熙年间建成的“兴化镇”（又名旧买卖营）和乾隆建成的“新盛营”（又名新买卖营）连为一体，形成东西四华里、南北七华里的街区，空间呈现出自由生长的带状不规则布局，不设城墙更是展现出游牧生活和贸易中枢的开放性特征。此外，城内寺庙汇集了喇嘛教、回教、儒教等教派，呈现多元文化并存的聚落空间模式。

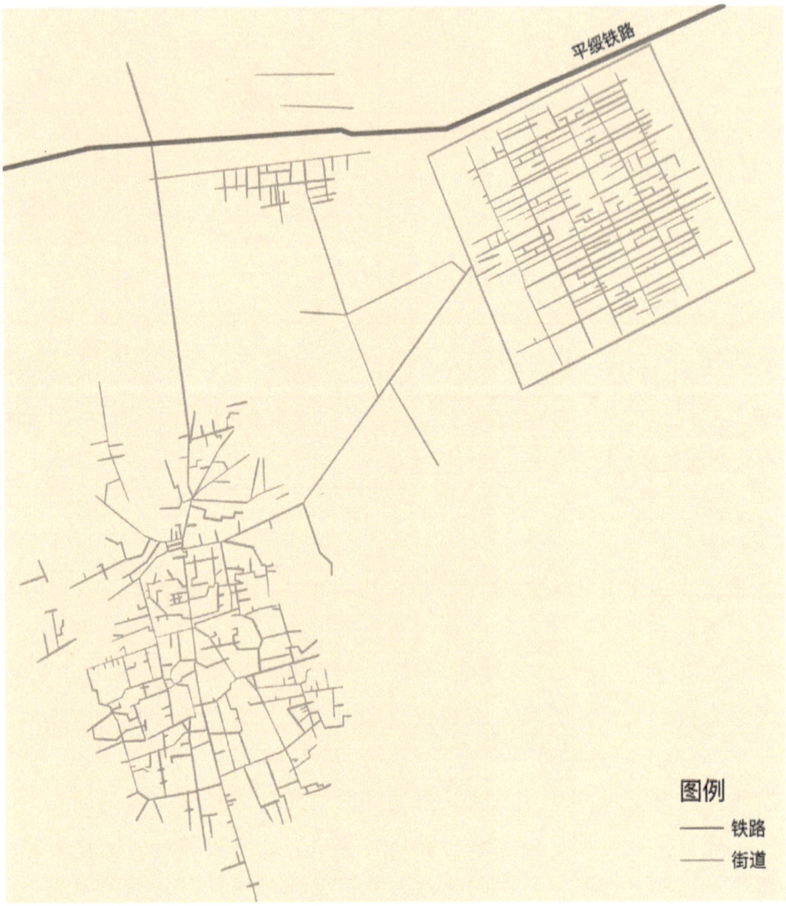


图 4-52　20 世纪 20 年代呼和浩特“品”字形组团空间布局（作者绘）

## 二、长城聚落景观的叙事时间演进

### （一）时间历程的环境动态发展性描述

农业景观作为以生产生活为目的而形成的实用性景观，呈现着人文过程和自然进程的相互关联，它不仅让人能够认识、理解和记忆先辈的田园式劳作状态，也给人提供了文化叙事体验和人类生活经历的审美空间。长城地区兼具农耕与游牧交融的通道性特征和管理边疆、屏障中原的边界性特征，同时意味着该地区文明形态发生着连续动态、交织重叠的变化，为跨地区、跨文化的长城聚落景观的形成奠定了基础。受军政干预的影响，长城聚落有着较高程度的相似性，但在地域性或时序性等自然环境变化力量的驱使下也建构出自身的特色和多样性。长城地区处于干旱与半干旱地区的生态脆弱区和农牧交错带，气候干燥，降水较少，年均气温偏低，无霜期短，水资源短缺且自然灾害较多。农业发展速度比较缓慢，农作物以谷米杂粮为主，粮食种植为一年一熟，以广种薄收的粗放型农作制度为主，“山高地寒，土脉硗薄、五谷鲜收”。明初，军屯开垦形成了新的农业景观格局。同时，除筑墙、设关、建堡、修墩以外，也将山脉封禁、植树防边纳入军事防御的范畴，“自山西偏头关、雁门关、紫荆关，经居庸关、潮河川、喜峰口，直至山海关一带，延袤数千余里，山势高险，林木茂密，人马不通”[①]，形成了限隔虏马的天然屏障和绿色藩篱。万历初年，蓟辽总督张佳胤曾命各路军士在沿边栽种枣栗。但是随着人口发展及建设需求扩大，至清末长城沿线山林植被萎缩严重，仅留存一些低矮灌木、杂草。遗留至今有大量代表性的农业遗产，如陕西佳县红枣、河北宣化葡萄、河北迁西板栗、宁夏中卫枸杞等。然而，大规模的生产活动也造成地表植被破坏而导致水土流失严重的情况。明隆庆、万历年间，风沙壅积的现象愈发严重，榆林“其镇城一望黄沙，弥漫无际，寸草不生，猝遇大风，即有一二可耕之地，曾不终朝，尽为砂碛，疆界茫然”[②]。宣府城“大风从西来，挟沙而行，如奔云……久则风越沙留壁垒也”，西、北城墙下“沙丘齐墙，行走者、骑马者、农牧者都乘其高以出入，而城已近乎失其城”，部分明长城聚落甚至已深陷流沙包围之中（图 4-53）。

长城及长城军事聚落环境的空间布局是其运行历程的潜在内涵，在加入人为因素后便呈现出可能发生的互动过程。长城沿线区域的山脉限制了交通道路的开辟，成为阻挡北方游牧民族南下的要地。虽然，连接两地之间的路径或者说口外进攻边内抑或关内出击塞外的路径并不是唯一的，但由于地理构造的原因，人们通常遵循固定的路径，形成固定的移动轨迹，山间断裂地段、河流切割的河谷往往成为必经之路。因而，只要在这些“咽喉之地”修筑边墙、设立关隘就可以控制路径的连通或封闭。直到今天，这些必经路径大多也在使用或与现代公路、铁路网相重合。长城军事聚落基于这些路径，一是形成以上级城堡为中心、下级城堡拱卫的中心辐射结构格局，便于发挥纵向管理和横向拱卫的作用；二是下级城堡控扼高级城堡与边外交通的必经之路，也是上级城堡的御敌前哨，开拓了高级城堡的控御范围和防御纵深，两者距离一般以能及时应援为限；三是在长城沿边地带采用扇形包围式的布局，注重聚落与长城、聚落之间的守御范围和相互因借弥补之势，既有利于军事指令的传达，也有利于长城防御体系的整体形成。

清初，朝廷为确保北疆稳定采取极为严格的封禁政策，口外蒙地并无城镇聚落。直到康熙中期，置张家口和独石口县丞为口外蒙地的设治聚落奠定基础。雍正和乾隆前期，新增聚落主要集中于土默特、察哈尔、热河（包括昭乌达盟和卓索图盟南部）三大区域，此时聚落随机分布，等级差异模糊，相互之间横向联系较少。乾隆中后期，随着内地资源的持续注入，原有平衡状态已被打破，优势区位的聚落率先发展，强化聚落增长点之间联络线的同时，进一步推动了局部地区聚落结构的组织演化，从而导致聚落治所级别变更频繁，如土默特四处协理更为理事厅、热河诸厅更为正式理民机构——州县。嘉庆、道光时期，聚落开始向东北方向的哲里木盟扩散。随着清末封禁政策废除和蒙垦全面开禁，垦殖线向

① 陈子龙等．明经世文编·第一册 [M]. 北京：中华书局，1962.
② 陈子龙等．明经世文编·第五册 [M]. 北京：中华书局，1962.

图 4-53　1914 年的陕北常乐堡和晋北朔县城（菲德克·克拉普摄）

北推移，农业聚落范围逐步扩大，距边愈远。区域资源逐步向周围扩散，聚落空间结构框架形成，同时，出现了新的聚集点和联络延伸线，以“点—轴”形式向蒙旗深处做梯度式转移，东蒙继续向哲里木盟腹地拓展，土默特垦殖已延伸至大青山北麓和鄂尔多斯。总体而言，扩散途径为沿长城线公共边界横轴发展和沿驿路等轴向腹地纵向发展，越靠近长城线的聚落网络发育越好，越靠近扩散源的聚落本体发育越好，并较早升为高建置驻地，或从所属辖境中分裂出来成为独立区域单元。

## （二）历程演进的功能定位多样性理解

道萨迪亚斯认为：“随着聚居的创建和发展，新的、未曾预料的功能会不断地添加进来，因此聚居必须同时满足最初的需求和不断增加的、新的需求。”[①] 明长城军事聚落包括三个层面，宏观定位来看，一是通过对即将发生战事或形势的预见性判断，提前在可能遭受攻击的薄弱点或战略要地修筑长城军事聚落来巩固防守。例如，宁夏、甘肃两镇虽远离京师，明初即意识到其关乎全局安危，因此举大力、遣重将镇守并初步形成完善的防御组织。终明一朝，宁甘两镇战争频发，验证了明初统治者决策的正确性。二是在发生战事后较短的时间内修筑长城军事聚落，是一种直接迅速的应激性反应。如成化初年，蒙古部族对延绥镇入侵加剧，自成化八年（1472）开始到成化十一年（1475），余子俊主持创建和重修二十余座城池边堡，战事即告平息。三是由于战争影响而进行的军事聚落修筑存在一定的延时性时间差，即在相对较大规模战事结束后进行的建造活动。中观功用来看，首先，扼守山谷或岭巅以便控制要道是长城聚落基址的首要选项，游牧民族的主要入侵点决定了长城与长城聚落的优先修筑方向，兵力布局、入侵路线及修筑方向必然保持一致，长城聚落空间分布实质就是重要防御方向的横向呈现。只不过，山险地带往往凭借自然屏障御敌，兵力部署较少。其次，以长城聚落与边墙的距离构建多道纵深防线并划分防区。第一道防线为长城边墙本体或关隘；第一与第二道防线之间为第一防守区域（一般距边墙2千米）；第二与第三道防线之间为第二防守区域（距边墙2～10千米）；第三防守区域为第三道防线以内的区域，聚落距离边墙不少于10～40千米。按照步兵4千米/小时和骑兵20千米/小时的行军速度来计算，当敌军入侵，第一防守区域的驻军半小时即可全部抵达前线，第二防守区域所需最大调度时长为2.5小时，第三防守区域所需最大调度时长为10小时。微观演进来看，因战事多寡而兴废更迭，因战略调整而迁址改建，因战防演变而拓缩城垣。如元代，榆林城所在仅是一个普通居住村庄，明洪武年间因军屯需要治为屯所，正统二年（1437）始筑榆林堡，成化七年（1471）置榆林卫，成化八年（1472）拓筑北城，翌年榆林镇治从绥德迁至榆林卫城。此后，榆林城又经历了三次南北向的拓建与改筑，成化二十二年（1486）扩北城，弘治五年（1492）拓南城，正德十年（1515）筑南关外城。清代以后，榆林城池建设处于停滞状态，并对城北墙垣进行收缩，最终形成当前的聚落格局（图4-54）。葭州城始建于北宋元丰五年（1082），明洪武初年重修内城和北郭，明隆

① 吴良镛．人居环境科学导论[M]．北京：中国建筑工业出版社，2001:129.

庆年间增筑南郭，清顺治年间重修南城郭、康熙年间补修内城东城墙，同治十二年（1873）补全城旧段，形成城楼 5 座、城门 12 座、周长约 5 千米的城垣（图 4-55）。

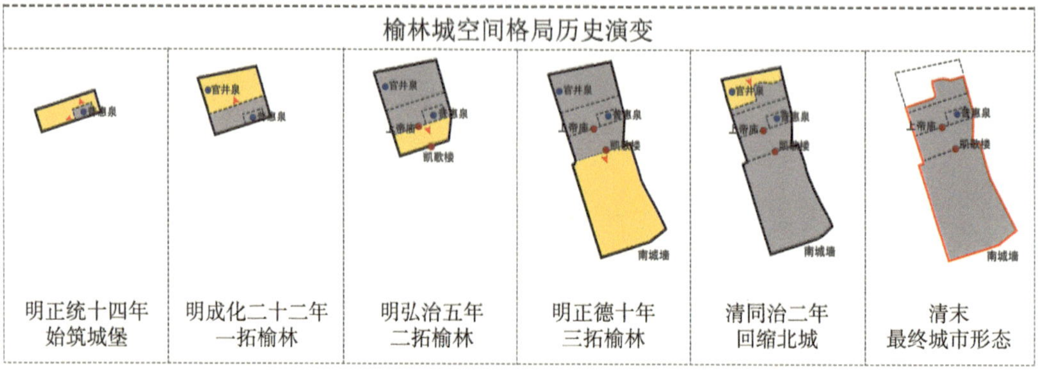


图 4-54　榆林城空间格局历史演变（作者绘）

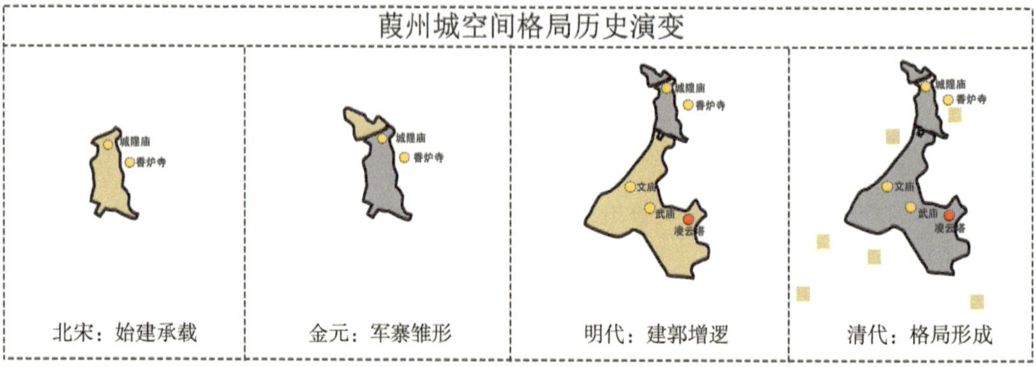


图 4-55　葭州城空间格局历史演变（作者绘）

清代口外蒙地聚落的演进轨迹包括聚落扩散和城镇扩散两类。前者是以清代位于蒙地农垦区的无差别居民定居点为目标，后者是以具有一定政治、经济、文化中心性的设治城镇为目标。口外蒙地聚落的发展是由开发程度较高地区（边内）向待开发区域（口外）扩散的运动过程，起初因成本因素必然在距离原点较近且条件合适之处形成团簇，再以此为基础向更深处腹地推进。聚落扩散现象可以理解为以长城指定五边口为原点发生源，在明九边重镇为核心的交通枢纽形成外向辐射的网状结构形态，以延伸至待开发地区的驿路交通联络线引导各种资源“流”（人流 / 物流 / 信息流）的流动，基于交汇或转道寻找、确定交通枢纽核心区域为中心点，保证连贯性，从而通往草原腹地转至四面八方，并演化为聚落发展轴，通过“底部（长城线）设种、顶部（蒙地）投放”和“点—轴”渐进的方式实现聚落的生长、扩散和设治。从扩散轨迹来看，清代口外蒙地治所聚落最早兴起于宣大边外地区，纵向垂直长城边口由公共边界沿驿路向腹地延伸。横向以口北三厅地为起点沿长城线分别向东西两向横向扩散，西进聚落集中于土默川平原，乾隆前期就已确立以归化城为首、厅城为辅的单核城镇聚集格局，但因北侧大青山和南侧长城的挤压而承载空间有限，光绪后期仅拓至鄂尔多斯及大青山北麓；东扩聚落沿昭乌达—卓索图—哲里木盟向东北挺进，形成西起热河、东至黑龙江西南的多核城镇串联。

清末，随着铁路的开通，导致聚落的中心开始向铁路一侧移动，车站附属地逐渐成为聚落最具发展活力的区域，而传统城区则逐渐衰落。整体网格型的规整聚落格局开始发生变化，并影响到现在的聚落整体空间结构。

当前，长城聚落主要有以下四种演化类型。一是市县级聚落因产业、人口聚集以及便捷的交通条件而持续扩张；二是部分文化遗产遗存丰富的典型聚落凭借自身资源进行旅游开发；三是基于文保价值评价判定，在现有基础上不断完善更新的遗产保护型聚落；四是文化遗产均已不存的长城聚落，由于缺乏发展动力而逐渐衰落。需要说明的是，并不是所有长城聚落都适合文旅开发，旅游开发要求聚落具有较为丰富并集中成片的文化资源。

### （三）层积叠置的社会人文传承性整合

空间本身并不具有任何意义，只有从社会文化、历史事件、人的活动及地域特定条件中获得文脉意义时，空间才具有场所特性。文化作为信息知识、器物工具和制度精神的载体，是人类观念形态、行为方式、道德规范、生活经验的映照，是人类认知世界的符号系统。长城聚落建设呈现层积性的叠置，经过漫长的历史时期，不断发展完善，必然与社会人文事件相关。因此，以时间为线索，以重大历史事件为分界点观察其选址生发、迁移变化和最终定型的全过程。

明代，九边镇城都处于绝对的核心地位，军事上拥有最大的聚落和驻军规模，政治上总镇、都司、道卫府县等衙署一应俱全，经济上处于官道汇集和商道中心。清初，随着长城防御功用的弱化，沿袭自明代的长城军事聚落组织结构体系逐渐瓦解，长城聚落军事功能下降，驻防官兵被大规模裁汰，演武场等军事设施逐渐消失，长城聚落逐渐演变为居住功能为主的普通聚落。而长城市口和商道沿线聚落由于交通优势而获得发展动力，如杀虎堡、得胜堡成为南北贸易的转输和必经之地，以手工业与商贸集散而兴起。而远离商道的聚落（如助马堡）则由于缺乏发展动力而逐渐衰落。改为州县的军事聚落因行政地位的提高而迅速发展，如明代左卫、阳和卫城。尤其是朝廷执行的“裁卫置县”民化政策更是直接推动了九边地区从军管化防区向民治型政区的转变。长城近边的实土卫所由于拥有土地、人口基础被悉数改置为州县，腹里无实土卫所多与行政机构同城被裁并入附近州县，除去与卫所重叠者，单纯的九边军镇城堡在民化过程中变化不大，唯有宣府镇赤城堡与顺圣西城、山西镇五寨与神池二堡、榆林镇定边与怀远二堡等寥寥数个更为民治州县。民国时期，长城聚落更是进行了全新的定位，新时期的商贸往来、行政调整及铁路开通等因素带动长城聚落体系呈现出了新的结构特征和扩展动力。近代铁路的开通促进地区资源向铁路沿线线性聚集，尤其对行政级别较高且具有经济基础的治所有着更为明显的作用，如同蒲铁路沿线的朔州，清代属山西朔平府治下普通州县，得益于优越的交通地理位置现已发展成为地级市；部分传统治所聚落因不具备交通优势而被弃用，如县治分别迁至京绥铁路沿线的孔家庄、柴沟堡的万全城和怀安城（图 4-56）。值得注意的是，部分铁路沿线聚落虽然交通便捷，但由于缺少经济基础也仅是普通村落。此外，一些居高临下、易守难攻的防御功能突出的城堡，如榆林镇清平堡、常乐堡，大同镇保平堡、桦门堡，宣府镇黑石岭堡等皆因饮水不便、交通不畅而被遗弃荒废（图 4-57、图 4-58）。从时间来看，边内卫所民化集中于顺治—雍正初年，而口外最早的正式理民机构始于雍正元年（1723），二者恰好存在前后关联性，由此拉开了口外蒙地开发的序幕。作为长城内外游牧文明与农耕文明的融合交汇点的归化城、张家口、承德、多伦诺尔分别凭借平准军需供应、蒙汉商贸集散、皇家政治避暑、宗教弘法传播的前沿优势，区域中心的地位迅速上升，长城聚落中心开始向边外

图 4-56　20 世纪 70 年代长城聚落状况

北扩。同时，大规模的边外蒙地农垦导致边内人口向口外迁徙，在明代驿路基础上，长城内外开拓了多条南北方向的商道，直接推动了口外聚落的兴起和发展，呈现出商贸经济组织方式下的聚落“线性结构”特征。以归（化）绥（远）城为枢纽的东西向商道直接与张家口和京师联系并成为商品流通的主轴，以多伦诺尔为枢纽的东蒙辅轴更加促进了长城和周边地区开放性的人口聚集和资源交流。

图 4-57　保平堡（作者摄）

图 4-58　市场堡（作者摄）

# 第五章

# 长城国家文化公园

## 聚落景观叙事系统建构

类型学理论是一种叙事认知和思考的方式基础，通过归类、合并、抽象几何图像来建立不同图像间的联系从而达到揭示事物的规律性和差异性，成为“阅读”聚落的一种重要手段。在此基础上，借助人们对聚落空间形态的意象性分析，形成一种经由体验而认知的外部现实的心智内化，其与“认知图式”密切相关。对于长城聚落本体物态来说，需要保存基本完整或全面的描述资料；对于心理感受来说，需要反映对聚落营建意图的认知和解读，注重的是表达山、水、城、景之间的关系，强调的是以二维图像或三维图景来抽象表达历史累积的视觉秩序和叙事结构，最终全面再现长城聚落特有的叙事观念、营造智慧以及实践经验。

# 第一节

# 长城国家文化公园聚落景观系统关联

## 一、长城军事聚落

明实录记载：“计在沿边，则谨烽燧，以明耳目；在近边，则筑墩堡，以便收保。”[①]

城堡相连。在长城防御体系中聚落的位置关系是实现联动防御方式的基本单元，即“小警自为堵御，大敌互为应援”（图 5-1）。尤其是沿边各城堡专司守卫特定区域和边墙段落，呈现出沿边墙内侧线形展开的状态。虽然能够实现防线的完整与连续，却容易因兵力分散而无法应对大规模的入侵。因此，城堡之间如何应援成为规划城堡布局时必须要考虑的核心。以城堡守卫山间河谷的出入通道是长城防御的主要方式，如受山峦阻隔，相邻堡城分守相邻道路而独立存在，注重与高级城堡的应援关系；相邻堡城分布于同一狭长谷地（道路）

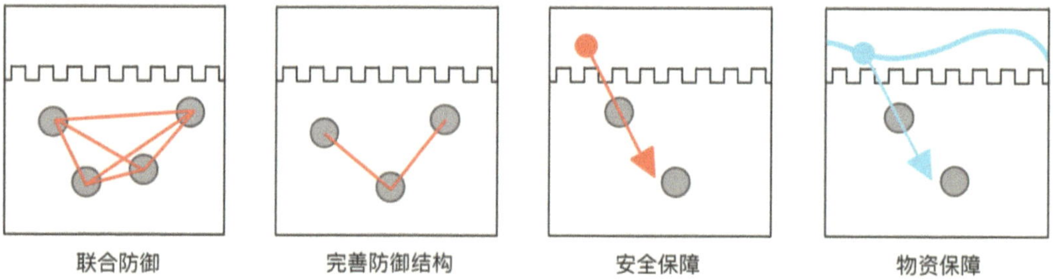


图 5-1　长城聚落联动防御示意图（作者绘）

① 何宝善 . 明实录长城史料 [M]. 北京：燕山出版社 ,2014.

上进行分段防守，因远离高级城堡，更注重相邻堡城的联络驰援；协守主支道路的堡城之间存在着明显的主次关系，发挥主要防御和辅助防御作用；此外，部分城堡没有守卫前线之责，专司支援前线的沿边堡城（图 5-2）。

烽燧预警。烽燧又称烽火台、烟墩、烽堠等。烽燧预警作为长城防御体系中的重要环节，主要依赖于烽燧之间的可见性和可视域进行敌情传递，如敌来犯，“昼则燔燧，夜则举烽”（图 5-3、图 5-4）。从与长城的位置关系来说，可以分为沿线烽燧与腹里烽燧两类。沿线烽燧走向基本与长城墙体一致，主要分布在地势较高或视野开阔之处；腹里烽燧俗称“火路墩”，主要分布于长城聚落和边墙之间的河谷、要道沿线及丘陵地带。烽燧传递路径除了沿边墙横向线形延伸，形成同级城堡之间相互应援外，也构成从边墙通往各级长城聚落的纵向传递网络，以便隔级之间提供敌情。基于此，长城边墙与沿边聚落、烽燧组成的横向防御和长城边墙与腹里聚落、烽燧组成的纵深防御协同编织起严密的军事防御网络，其运作方式包括边墙关隘遇敌、烽燧预警传递和城堡派兵出击三个过程。入侵点的烽燧线将预警军情传至上级指挥城，上级指挥城接收情报后迅速产生响应并部署御敌，第一防区内边堡以最快速度开展战斗，第二和第三防守区域内的卫所城（路城）或镇城进行调动驰援，

图 5-2　得胜堡聚落集群（作者绘）

图 5-3　左云月华池段烽燧（作者摄）

图 5-4　镇宁箭楼（作者摄）

也可通过驿路系统将敌情传递至相邻军镇或京师，进行联合作战。

驿递交通。长城地区在人类文明交流方面展现出鲜明的历史承继和深厚的文化积淀。驿递系统作为明长城军事聚落政令沟通、信息传递、资源转输、军队调遣等的官方交通网络，在推动安定边疆、民族交融、商业贸易往来以及跨地区、跨文化交流与传播等方面具有重要的历史意义。其横向上与边墙保持一致，纵向上与防御纵深紧密结合。明代长城九边的驿递系统设有水马驿、递运所、急递铺三大机构，并以镇（都司）城为中心划分若干线路，栉比蔓延支撑起整个长城防御体系的“交通血脉”。作为线型文化遗产和文化景观，除了道路本身，也包括驿城、驿站等物质文化遗产以及文明交流传播见证的非物质文化遗产（图 5-5）。驿递系统不仅加强了边疆的开拓以及与内地的联系，也极大地推动了我国古代聚落体系的发展和完善。一是线性分布的驿路串联了各级治所，扮演了聚落选址间距的尺度度量，充分融合了聚落布置与行政划分的双重考量；二是驿递对物资集散、信息汇集、地区开发以及交通控制等方面有着重要的文化意义，大量驿铺站台等名称沿用至今并成为重要聚落和地理坐标。清代虽然沿袭了明代驿站的制度，但较明代，商路与驿路合二为一，清代因为商贸功能的发展而衍生出多条纯粹的商路，商路的布局和建设更体现出便捷与利益最优化的特点。

图 5-5　明长城沿线驿路驿站分布图[1]（作者改绘）

## 二、边外蒙地聚落

驿路邻近度。《理藩院则例·禁令》规定，除长城喜峰口、古北口、张家口、独石口、杀虎口五路边口作为蒙汉往来孔道外，别处边口不准行走，以此建设的通往蒙古各盟的驿路在口外聚落发展中起到了引导、扩散的作用。“凡置邮，曰驿、曰站、曰塘、曰台、曰所、曰铺，各量其途之冲僻而置焉。”与出入关口制度配合执行的是“票照制度”，凡出入关口者需就近向绥远城将军、察哈尔都统、多伦理事同知等领取部票以备沿途官府查验。

① 范熙晅 . 明长城军事防御体系规划布局机制研究 [D]. 天津 : 天津大学 ,2016.

具体来说，用“票照制度”控制数量、用“指定边口＋口外驿路”引导方向，蒙地开发的禁放缓急被完全置于中央的手中。口外聚落与驿路空间的相对位置反映出空间关联度。口外聚落尤其是城镇大多位于驿路上，有的是驿路终点，如归化城；有的是起点，如张家口、独石口（图5-6）；有的由驿路台站发展而来，如和林格尔厅发展于杀虎口路的二十家子站等。此间，邻近驿路地区开发程度最高，易于发展成高等级聚落（府／直隶厅）；边缘地区开发程度较低，通常为市镇所在；中间地带开发程度介于二者之间，聚落处于由市镇上升到州县／厅治所的过程。

图 5-6　五路边口（作者绘）

边口聚集度。五路边口既是口外五路驿站的起点，也是出入长城的口岸。口外聚落与边口的相对位置反映出空间关联度，相较于聚落与驿路的“点—线”关系，聚落与关口的聚散状态可理解为“点—点”关系，即蒙地聚落与最邻近关口的距离的远近代表它们之间的紧密程度。其中，杀虎口和张家口驿路通往归化城地区，古北口和喜峰口驿路途经热河地区，独石口居五口之中北向直通锡林郭勒盟。“长城边口是清代资源‘流’进入蒙地的起点，理想上分布密度应该围绕关口呈递减趋势，距离越远密度越低。但随着向草原腹地的挺进，关口辐射力逐渐减弱，聚落要素随即出现‘溢出’现象，在远离关口一定距离的地区出现新的聚集簇，以此循环往复，最终形成多个团簇延展的聚落扩散形态。”① 随之，口外出现了具有一定吸附力的区域性聚落聚集分布中心，如口外中心城市归化城、承德府。但是，二者分别距离杀虎口、古北口仅100千米左右，边口受到口外首位城市的屏蔽影响而难以发挥聚集效应。

① 张昊雁，张玉坤，刘张毅．消解的边缘：清代长城与漠南城镇空间相关性研究[J]. 建筑与文化，2016(2):79-81.

# 第二节

## 长城聚落景观的叙事空间结构分析

长城聚落景观的叙事空间按照宏观到微观的级差，可分为叙事点核、廊道、簇群、架构、全局五类形态，分别对应于公共地标、街巷轴线、历史街区、聚落格局、山水环境景观，构建出长城聚落景观的叙事空间结构体系。

### 一、叙事全局——山水环境

#### （一）山水形胜

元朝国师刘秉忠提出："盖地理，山有形势，水有源泉。山则为根本，水则为血脉。自古建邦立国，先取地理之形势。"中国传统聚落景观营建历来就有强烈的"山水"参照意识，"人之居处宜以大地山河为主"（图 5-7）。在定位择址、轴线确定、城垣轮廓、街巷布局、景观视廊等诸多方面强调与周边山水形胜的体察和关照。形胜作为评价自然山川形势优越性的特定词汇，本质上是古人对自然景观资源的一种认知，其目的除了创造出适宜的理想人居环境外，在哲学层面更意图抽象出完满的景观空间模式。形胜概念首从军事地理范畴萌发，《孙膑兵法》载："战者，以形相胜者也。形莫不可以胜，而莫知其所以胜之形。"而《荀子·强国》描述的"其

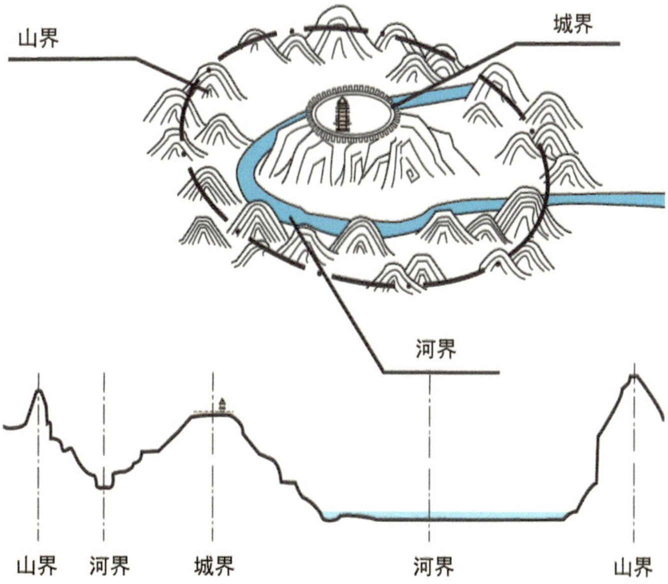


图 5-7　传统聚落的山水边界模式（作者绘）

固塞险，形势便，山林川谷美，天材之利多，是形胜也”[①]，则演变为对优越地理环境和自然资源的整体评价。其后，受魏晋以降自然审美的影响，“形胜”逐渐具有了景观审美的意涵。到宋代，愈加强调选址与人工营建的合理性。至此，“形胜”描述范围包含了军防选址、自然环境、风景审美及人工营建等多个层面。及至明清，地方志书中记录“形胜／形势”内容时，已经形成达成共识的叙述方式、内容和表述语汇。在聚落营建中，考察一地山水形胜是择址、规划、营城的先决步骤，注重寻“险”“胜”，辨“寒燠之宜”“灌溉之益”，治“封域宅中”。具体包括：地势上利于“攻守”的军防条件，自然气候、物产资源等“生聚”条件的有利性，“交通”的四通八达或居于要道，此外还有“水利”条件等。

尽管长城聚落的选址均以军防为重，但在考察地势时通常会考量政治礼制、思想观念、生产需要等因素。与此对应，地方志书“形势／形胜”篇目涉及宏观地理区位，四向山水要素及其与聚落的空间关系，聚落内外及郊野的代表性景致以及物产资源、文物古迹等。自然要素包括山、水、原、谷、川、堑等；人工要素，如门、关、隘、城。位置关系使用东、南、西、北或前、后、左、右、背、面等词，暗藏着人居“中”概念。结合景观感知范围，“形胜／形势”中遥、近等词语正是古人基于“望”中“近形远势”的观察特点，对应近郊和远野。聚落景观格局范围是以人工营建要素（城池）、自然山水要素限定出城（城内）—郊（近郊）—野（远野）三个圈层。第一层次为核心圈层，即居民日常生活最聚集的城内范围，为城池或其所依附地形边界所限定，在此选择关键点营建标志建筑与郊野自然风景相呼应。“第二层次为近郊圈层，包含城池之外居民行动日常可达、易于往返的近郊范围，在此选择关键点营建景观建筑，使人工营建与山水‘胜景’相关联形成游览地。”[②]第三层次是远野圈层，也是视觉感知的极限，是居民登高远眺时目之所及的大尺度范围（图 5-8）。

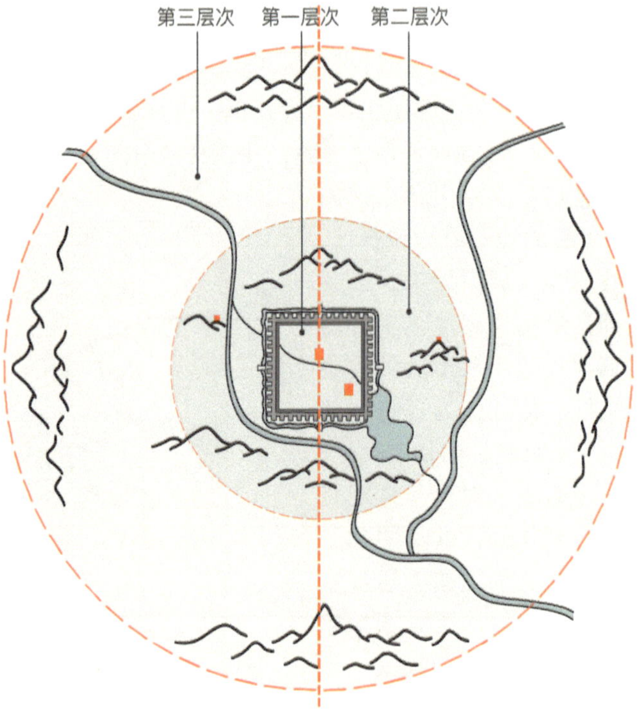

图 5-8　传统聚落景观圈层图（作者绘）

① 中文大辞典编纂委员会．中文大辞典：第七册 [M]. 北京：中国文化研究所，1970:244.
② 李梦珂．基于“形胜”思想的陕西省历史城镇风景营建研究 [D]. 西安：西安建筑科技大学，2022.

## （二）叙事全局

长城聚落主要受自然地理环境和军事防御需要的影响，除部分聚落因战事防御而选址于险山恶水的非人居环境，多数聚落以符合“山水”格局的人居环境发展，并兼具交通要道、商业据点、屯田良地等优势。山水既是聚落的主要景观要素，又对其空间形态起限定作用。“形胜／形势”描述包括对聚落自然要素的位置、形态以及空间关系的评价。因此，形胜实质上是古人在聚落择址中对地理形势和自然景象的认识，表现为因循山形水势的空间倾向性，山水成为聚落的构图要素。对山水与聚落的空间关系表达有惯用词汇，包括两类：一是描述聚落对自然要素的依凭、控制关系的，二是描述自然要素对于聚落的拱卫、庇护之势的。聚落与山的关系主要体现为四种：冠为覆盖，聚落居于山顶；笼为收罗，聚落将部分山体笼入城中而成为制高点；依为依傍，聚落坐落缓坡逐渐发展；踞为倚靠，聚落居于山水之间的平缓地带，形成凭借之势。聚落与水的关系则主要体现为：滨为聚落与水紧邻或穿过，近为聚落与水留有隙地，俯为聚落与水形成俯瞰关系，望为聚落与水仅具视线关联（图 5-9）。根据长城聚落与山水的关系进行组合，可得出多种聚落空间叙事类型（图 5-10）。

### 1. 依山临水，山环水抱的河谷型聚落

依山是以高山为靠来抵挡冬季寒风，也兼有“镇山”长治久安的心理；山环为周围有横岭为屏，起到地理区隔、边界限定、安全防御、构成景观等多重作用；临水为选址在主要水系或支流之畔，兼顾生活生产和攻守用兵的天然形势；水抱指处于一水环绕、二水交汇或多水朝堂的凸岸地带，暗合风水堪舆模式的人居佳地。山水合围于聚落四周，形成拱卫之势，景观多分布在周围的山水环境中，较大的高差使得聚落空间的视觉感受更加丰富。依托山势进行标志性营建既可俯瞰聚落全貌使得内外对景、关系层次多样，又可登临望远使得感知范围越过山屏水障，大大延伸。长城聚落四周的近郊范围围绕着自然山水要素，具备优越的风景营建本底，典型“胜景”较多分布于此，与之关联的人工建筑营建依凭山水景观而造，如榆林城、高家堡（图 5-11）。

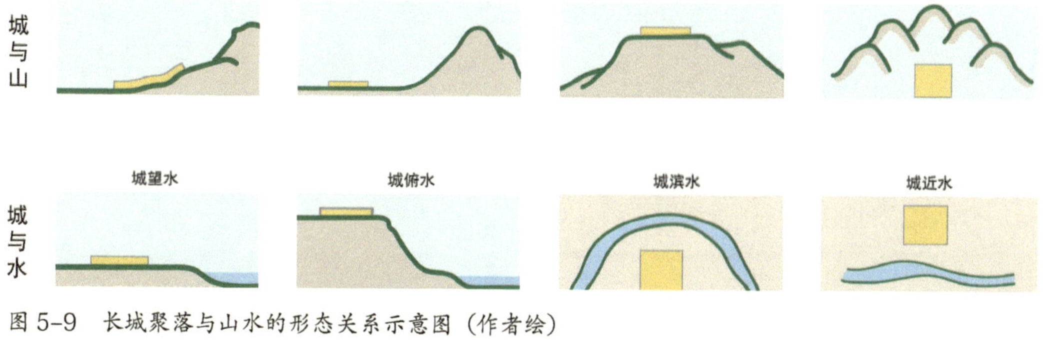

图 5-9　长城聚落与山水的形态关系示意图（作者绘）

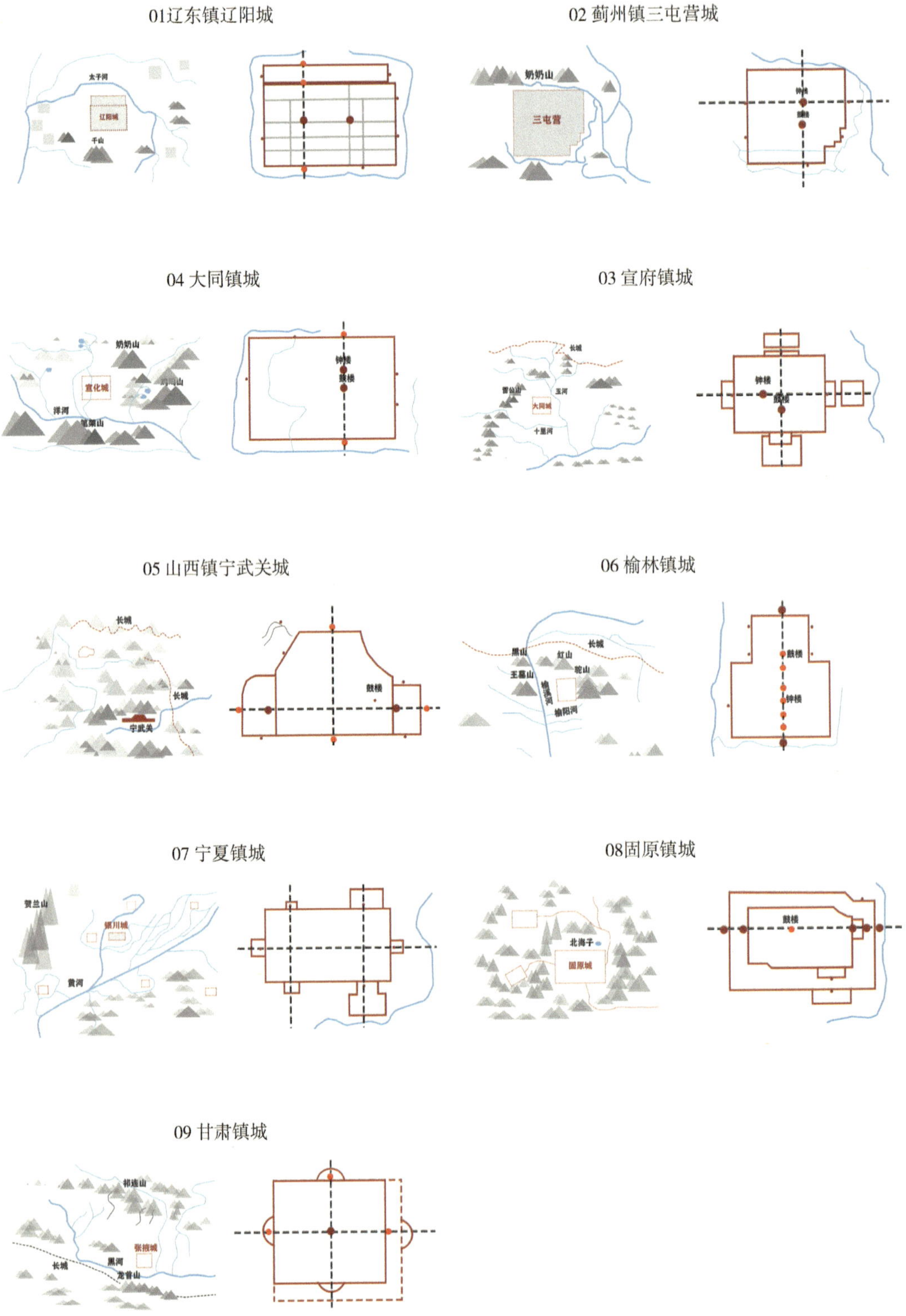


图 5-10 长城九边重镇聚落山水形态（作者绘）

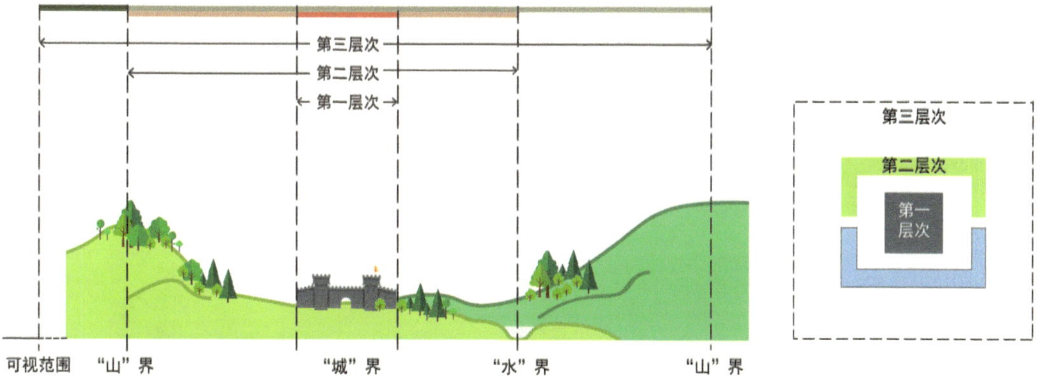


图 5-11　河谷型聚落景观感知范围图（作者绘）

## 2. 笼山滨水，跨山连谷的山谷型聚落

山谷型长城聚落在结合并发挥地形优势的基础上营建而成，城垣跨越山脉含多个不同高程的地形。一是借山势修建城堡以控制山谷道路通行，两翼城垣抵御山坡敌人来犯，同时占据制高点修建烽火台传递信息与凭高守瞭来加强防御，且内部有主路、河流穿城而过并设有水门，整体聚落形态呈现梭形。山地面积占比较高，建筑集中分布在靠近山脚主干道两侧的山谷内部地势较低处。二是聚落一侧位于山坡之上，另一侧临谷地或河流，靠近山脚一侧由于地势平缓，是长城聚落内部的主要使用空间，而靠近山顶一侧随着高度增加，地势陡峭，鲜有民居分布，整体聚落形态呈"D"字形。如马营城、镇宁堡、横岭城等（图 5-12、图 5-13）。

## 3. 踞山望水，平川广衍的平原型聚落

平原区域因其地势平坦，长城聚落空间格局受限较小，形制方正规整。强调有山雄峙于某方向，亦即"一郡一邑，苟有挺拔耸起之山，为一方之望，往往灵异而祷者趋焉"①。但山与聚落之间更多的是视觉上的远"望"。聚落视野开阔，视觉感知范围辽远，受自然山水要素的限制较少，因此第二层次的视觉感知范围边界不够明显，可以认为是居民日常活动频繁的地域范围，而视觉感知边界则以较远的群山为界，其他方向则无限延伸直到可视极限。"遥峙"的山是最主要的"胜景"，因地势开阔，风景要素较为分散，聚落周边的胜景距离较远，第二层次的自然风景要素并不富集。人工营建主要集中在聚落内部，遥遥与山势呼应，形成对望关系或轴线关系。自身的防御功能主要依靠人工工事的营造，以弥补自然地貌上的不足（图 5-14）。

① 王树声，石璐，李小龙．一方之望：一种朝暮山水的规划模式 [J]. 城市规划，2017,41(4): 81-82.

图 5-12　马营城（作者摄）

图 5-13　镇宁堡（作者摄）

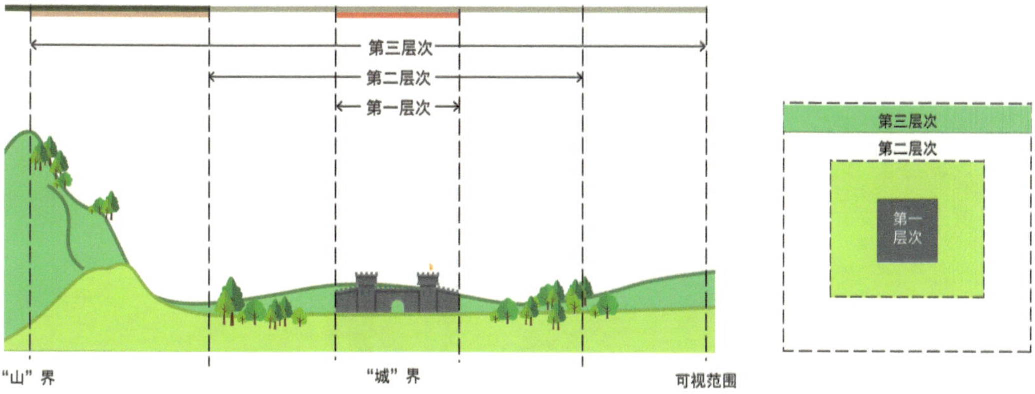


图 5-14　平原型聚落景观感知范围图（作者绘）

### 4. 冠山俯河，凭高守瞭的山地型聚落

山地型长城聚落雄踞于高山之巅，居高临下，周围多山涧、沟壑，形制格局受地形影响极大，获得巨大防御优势的同时，聚落与周边风景要素形成"俯揽"关系。山地型聚落四野视线阻挡极少，视野开阔，形成外向型的视觉感知空间。"聚落本身是景观视觉感知的第一层次，第二层次受地形限制，居民的日常活动、人工营建不会突破所依山地的范围，第三层次则基本可以延伸至视觉感知的极限距离。"① 山地本身是自然风景要素富集之处，形胜之景分布较多，同时常与较高山峰形成对望关系，"登眺""俯揽"的观望点多位于城池周边（图 5-15）。城内轴线、街巷空间、标志建筑则多受周边"胜景"对望关系的影响，如"随山削险，浑然天成"的保德城；"城根巨石嶙峋甚陡险"的府谷城；"山作根基，河为屏翰，磐石之安"的葭州城（图 5-16、图 5-17）。

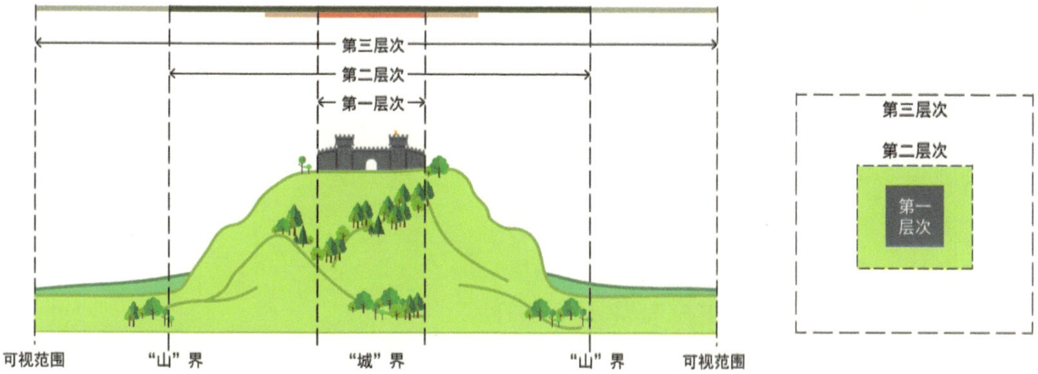


图 5-15　山地型聚落景观感知范围图（作者绘）

① 李梦珂．基于"形胜"思想的陕西省历史城镇风景营建研究 [D]. 西安：西安建筑科技大学 ,2022.

图 5-16　1906 年保德城[1]

图 5-17　1906 年府谷城[2]

## 二、叙事架构——聚落格局

古人主要通过“望”“眺”“瞻”“顾”“视”来考察形势、体察寻胜，建立起城内标志建筑、郊野风景建筑和四方自然要素及景象的叙事关联性。关键是觅得能与“胜景”建立最佳视觉感知关系的观望点（视点），观望点通常需要登高远眺、临崖俯揽、濒河观水，类似多处驻足观望的“游览”，构建的视廊包括由内望外、由外望内或兼有，如“相望”“回望”“北顾”“俯瞰”等描述词汇。不同点位之间的互望组织的其与“胜景”之间的空间视线和轴线关系，形成了多方位的预设立体图景并为其后的营建埋下伏笔。“千尺为势，百尺为形”的视距设定暗含着看清景物细节的近“形”和识别景物轮廓的远“势”的纵向尺度关系的认知。“四望”作为环境体察寻胜的行为，其空间界域以人的目观极限为标尺形成“视域”范围，并由观望点及营建要素的位置划分出横向空间层次的表达（图5-18)，寻找城市与山水环境的契合点和关键地段，

图 5-18　四望与对望（作者绘）

① Boerschmann E. Baukunst und landschaft in China[M]. Berlin, Germany: Wasmuth, 1923.
② 同上。

并据此统筹布局城市空间。

长城聚落的空间格局受自然山水空间形态的引导和制约，同时，聚落内部重要或关键性建筑也顺应聚落或自然山川轴线，其叙事架构以追求聚落、山水空间契合点为核心目标。择定城市中心和十字街道来应风水“天心十道”，主街多以主山、案山、左右砂山为底景以达到对景效果。依靠聚落中的地标建筑，人们可以轻易地识别、判定自身所处的位置，即自身所处的空间参考点的距离和方向，然后可以判断目的地的方位和距离，同时这种空间的可识别性也表现出聚居的“本体”意义。地标建筑的空间形态分为“环”与“点”两类，“环”状地标主要指向城垣，作为长城聚落空间最为典型的空间物态要素把人居空间与自然空间分割开来；而“点”状地标与聚落内部与空间导向、主要道路的关系密切，多指钟鼓楼、塔、阁等高大地标建筑，尤其是地处交通路口时，有助于人们辨别此时自身所处的方位，以便决定下一步的行进路线，同时，通过分布其间的过街牌楼可以进行更为精准的定位。因此，凭借“标志”系统的设立与认知也建立起有序的空间秩序，而有序的城市空间意味着明确的可识别性（图 5-19 ～图 5-21）。如山西阳高城（明代阳和城）的

图 5-19　宣化城钟楼（作者摄）

图 5-20　得胜堡旗楼（作者摄）

图 5-21　洗马林玉皇阁（作者摄）

真武庙雄踞全城最高控制点的北城阳和台之上，向西可眺黄水河，向南可望洋河，正处于聚落和两条河之间的轴线交点，呈现出山水形势、城池格局及建筑景致的契合。同时，城北原有北岳庙，高与台齐，遥相呼应。再北为阳和八景之一——“北岫攒云”的云门山，山腰建有玄云寺，作为城池主轴延长线上的制高点，周围山川形势尽在掌握之中。同时，也是城池主轴空间序列的终点，成为城内南北主街的对景和视觉焦点（图 5-22）。

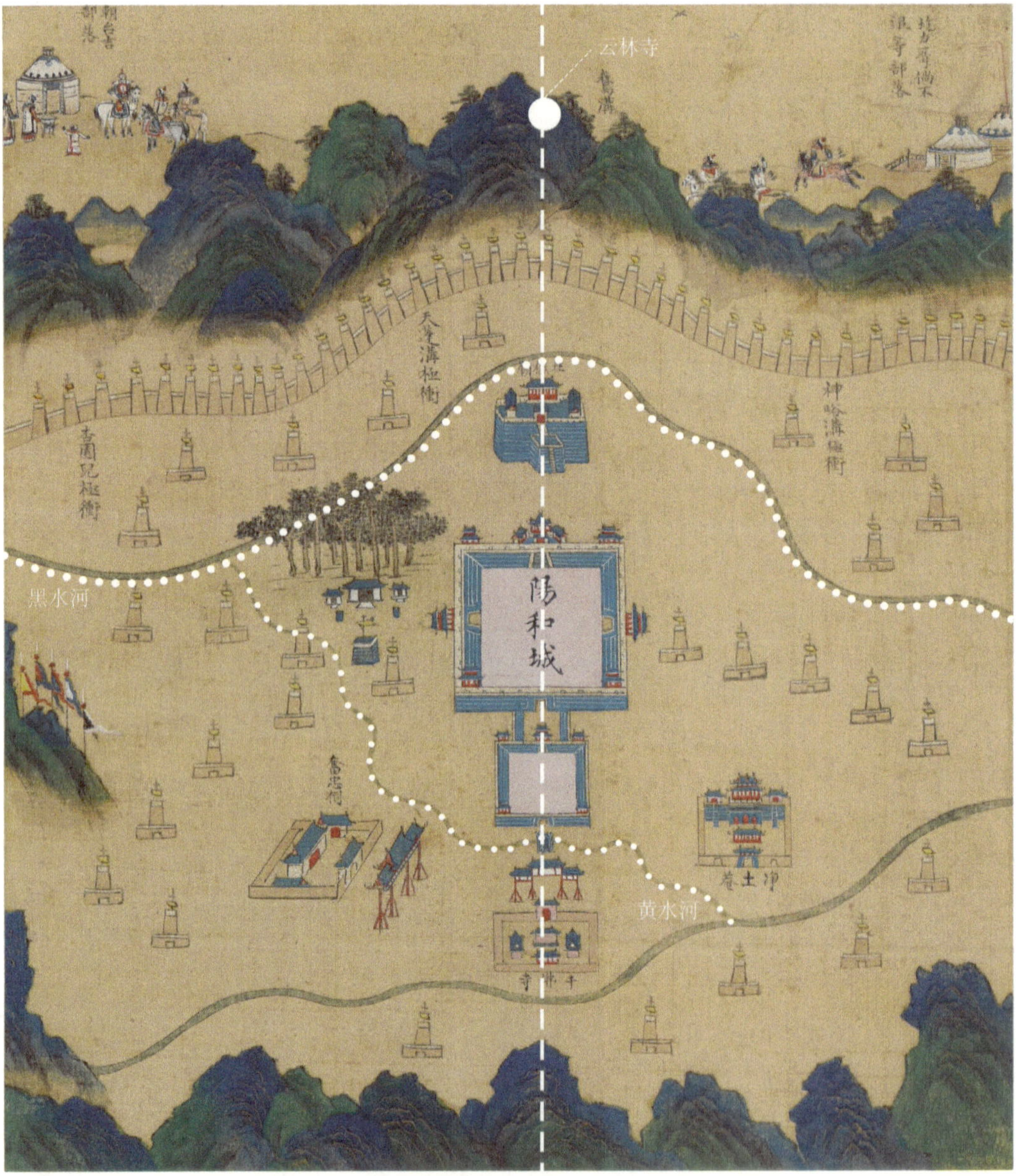


图 5-22　明代阳和城景观形胜（作者改绘自《宣大山西三镇图说》）

## 三、叙事簇群——场所街区

“簇群”可以表达“规模”，还暗示着领域、范围，或为行政之处，或为祭祀之所，或为聚居之区，或为化育之地。

### （一）生活街坊

生活街坊是指兼具一定规模的聚合真实历史物质遗存、信息及社会意义的人类生活聚居区域，是完整反映长城聚落传统风貌有机构成和生活积淀的活性见证，其物质环境形态由传统街道、建筑集群及文保建筑等“显性含义”因素构成，其隐藏在体型环境背后的社会文化属性的“隐性含义”使其成为具有商业活力、文化气息和人情意味的场所（图 5-23）。其特征包括反映历史面貌的真实性、构成环境气氛的规模性、呈现典型特色的代表性、跨越时代变迁的延续性、复合多元价值的文化性、组构人际网络的社区性等。因此，在“阅读”时更多地表现出多义的特征，不能仅关注反映物质环境的客体形态，更应对社会生活的主体形态，即“人”—居民与历史遗存—街区之间的互动进行审视。在此，民俗活动作为一个国家或民族代代相习的生活文化事象，生动地体现着民众的生活习惯、行为方式、伦理观念以及审美理想，是构成民众生活文化史的主体与核心。而传统场所街区则为其提供了生发的土壤和呈现的舞台，承载着社会与生活，蕴含着记忆与情感，积淀着历史与文化。而民俗娱乐活动的群体聚众作用促使人们在物质及精神上进行交往与交流，使得共同生活的人们形成责任感、认同感和归属感，这些特质使得传统生活街坊成为人们心中永远的“理想家园”。因此，保护与延续存在于历史街区内的传统表演艺术、民俗活动、礼仪节庆活动等非物质文化遗产是使传统街区的勃勃生机和生活气息延续的情感基础，这正是我们需要继承并刻意赋予的。庙会作为一种社会风俗，伴随着佛、道、儒三教及民间信仰活动和商品经济的发展而普及，寺庙、道观及附属场所逐渐成为酬神祭祀、商业贸易、游艺娱乐的世俗化场所。明清时代，庙会迅速发展，成为聚落经济、精神和文化生活的重要组成部分（图 5-24）。

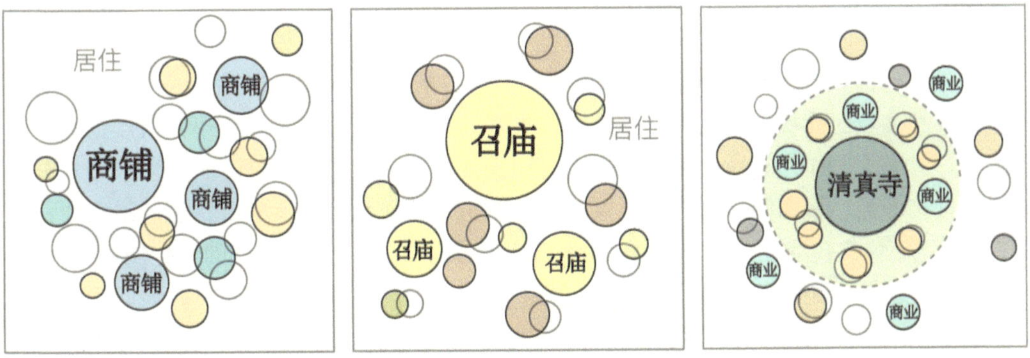


图 5-23　街坊聚居模式（作者绘）

图 5-24　张家口堡子里历史街区（作者摄）

## （二）宗教场所

边内汉地宗教场所。长城边内地区的宗教场所以儒、释、道三家为主，并与民间信仰、地域习俗并存。有以忠孝节悌的儒家精神进行伦理教化的圣贤祠庙，如文庙、武庙等。如开阳堡，以真武大帝规范民众的行为并保护聚落安全；祈求龙王保佑风调雨顺、丰衣足食；祈望送子奶奶保佑无灾无病、繁衍后嗣，蕴含着一种实用主义的精神寄托。有与规制治所等同对应的官方祀佑祠庙，如护国保城、除恶扶善的城隍庙和坛庙。有按照聚落方位东、西、南、北布置的佛寺、道观，如大同阳和城西、南、北大寺，张掖城的金、木、水、火、土五行塔寺（图 5-25），宣府镇洗马林堡东、西大寺，顺圣川西城东、西大寺，蔚州城前、后大寺等。而有着浓厚世俗气息的民间信仰庙龛更具普遍性，信奉人群广泛、影响巨大，如姑姑庵、娘娘庙等。庞杂繁多的信仰内容共生并存、兼容并包，和谐地生活在长城聚落空间体系内。

口外藏传佛教召庙。召庙林立是口外蒙地独特的景观，召庙兼有宗教信仰、政治中心、经济聚集和文教医疗等多重功能，是聚落标志性的集体记忆象征，时至今日依然是其重要的区域。“宏大”作为召庙的主要特征极力地表现出宗教的镇服力量，而其植入方式分为间接和直接两类。召庙间接植入蒙地指的是由蒙古贵族或高僧大德主持修建，国家政权并未直接参与，仅在政策方面给予支持。此类召庙以万历八年（1580）建成的归化城大召为始，明廷赐名“弘慈寺”，作为归化最大的弘法中心，以藏汉合璧式母本建筑成为此后召庙广建的参照模式和建造蓝本。“七大召，八小召，七十二个免名召”成为对归化城召庙林立场景的贴切描述（图 5-26）。清代，藏传佛教发展达到前所未有的顶峰，由统治者直接干预

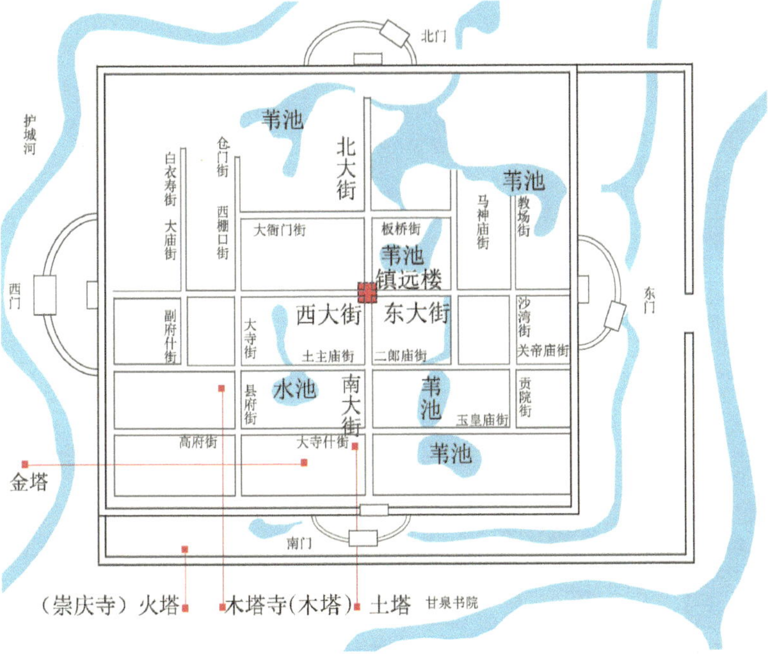


图 5-25　甘肃张掖五行塔寺（作者绘）

并由朝廷出资的敕建召庙被直接植入蒙地，高规格、高等级的汉地官式母本建筑成为这一地域的类型摹本。其中，多伦诺尔会盟后康熙帝“从诸部所请，即其地建庙”的汇宗寺为此先例，建成之后即成为清廷统治蒙古的政治核心和宗教中心（图 5-27）。雍正五年（1727），在汇宗寺西南一里处又敕建“善因寺”作为附属庙宇，除敕建寺主体，共设有十三处转世活佛仓、十座官仓、一百余座蒙古各旗当子房，“新旧两庙，巍然对峙，真边境之伟观”。

## （三）衙署建筑

衙署是我国古代封建官僚办理公务的处所。明清的典章律例中对其规模规制、等级有着较为详尽的规定。《钦定大清会典工部》曰：“凡建制曰省，曰府，曰厅，曰县，皆卫以城。而备其衙

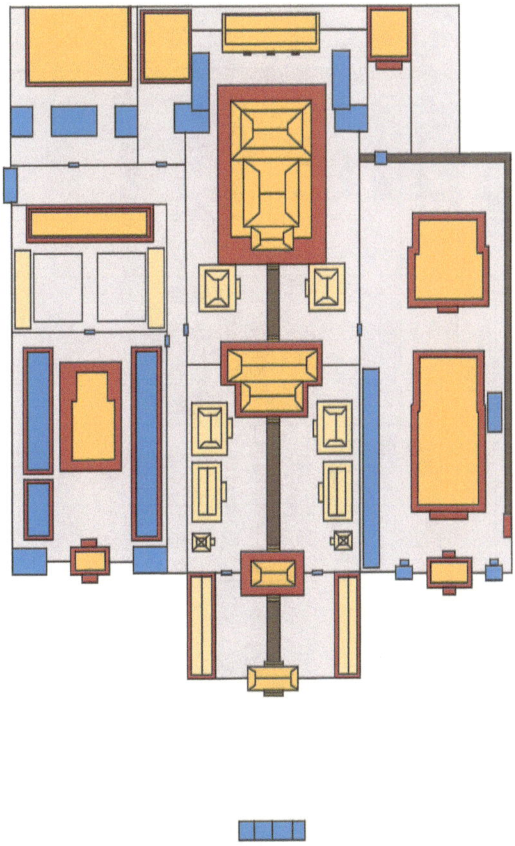

图 5-26　归化城大召平面图（作者绘）

图 5-27 汇宗寺各仓平面布局复原图（作者绘）

署，祠庙、仓廒、营汛。”其中，衙署选址是长城聚落营建的重要环节，也是整体格局的重要构成，深受儒家礼乐秩序和伦理关系的影响。衙署大多位居城市的中心区位或凸出地带，如居高台可瞰全城，达到显示地位、统治百姓的目的；择正穴辨方正位符合居中不偏、不正不威的观念。各级衙署规模大小也不尽相同，但整体布局基本一致，遵循居中对称、前衙后邸、左文右武的宗法礼制和内外有别、尊卑有序的等级观念，体现出一种秩序性和统一性。衙署建筑群一般分为东、中、西三路，主体建筑沿中轴线前后递进，空间组织纵横交替，东西两路各有辅助建筑均衡展开并以更道和中路相连。大门前的旗杆、石狮、照壁等设施更是显示出特有的威仪（图 5-28）。如绥远城将军衙署是清代绥远城将军处理军防事务、地方政务及生活起居的处所，是边疆制度、衙署规制及等级礼制的综合产物和官式衙署的典型代表。从乾隆二年（1737）右卫建威将军移驻绥远城起，到宣统三年（1911）最后一任将军止均在此驻节。民国时期，多人又以都统、绥远省主席等不同职衔入驻。中华人民共和国成立后，成为绥远省人民政府、内蒙古自治区人民政府驻地。绥远城将军衙署虽然地处边疆民族地区，却是按照规制化的官式做法和实用经济的原则进行营建，形成了豪而不华、朴实威严、整肃庄重的建筑氛围与效果，衙署内几无景物装点，仅有树木寥寥。总之，绥远城将军衙署见证了两个半世纪的沧桑历史变迁和政治风云变化，保存了诸多的历史信息，具有广泛的历史可读性。

### （四）景观造园

长城聚落作为城内、近郊、远野园林综合系统，远野集山水滩涂之形，近郊汇湖林桥渡之景，城内聚塔台楼阁之势，内外通过水系、视廊及文脉渗透融成一体。相较而言，明修武备、清兴文荫。明代长城聚落完备的城防体系是其营城之重，城高池深、巨镇伟观为其凸显特征。城内轴线纵横、楼塔阁台互以为势构成视觉焦点，丰富立面景观层次的同时也关联着轴线与视廊，循绕迂流的沟渠与泉井、湖塘奠定了水系基底，城内园林依此营构，雄劲的气候条件和干旱的水文状况决定了便捷得水是其重要考量。园林布局开阔，多呈以池塘或水渠等节约型水景为核心的内向型布局。近郊园林通常指自然环境的经营和人文胜迹的叠合化育构成人居胜境，并栽植耐受性强的乡土树种，间杂果园、菜畦和农业水利系统，游憩与耕作结合，尽显开阔平远。远野园林讲求以山水形胜构成“透迤数里极其胜”的粗犷气势，“背山阻河，四塞险障”是长城聚落营建的潜在基础，西北山脉环蔽抱屏、峰峦叠嶂，阻挡寒流风沙；东南水系萦回平漫、望之环带，宽广壮美之气势形成肥沃土壤，共同构成山麓河滨的景观图像。只不过，明代作为军防重地，除构筑防御工事外少有人工景观营建。清代战乱不复，军防职能减弱，兴文风、重教化，山谷成为寺观聚集之地，河滨或为渡口枢纽，或为交易集市。近郊多借助自然资源修建桥梁、神祠、亭廊（图 5-29）。逐渐形成重要的园林所在。“城内轴线营建延续明代格局，玉皇、财神、牌楼、寺观等建筑强化了城市主轴的同时，新建文庙、文昌阁、奎阁等文风建筑，又极大地提升了城内风景的丰富度，并形成新的文化地标。”[①]（图 5-30）

① 段诗乐，林箐．城景互融——银川传统区域风景系统 [J]. 中国园林，2022,38(1): 38–43.

图 5-28 各类衙署布局（作者绘）

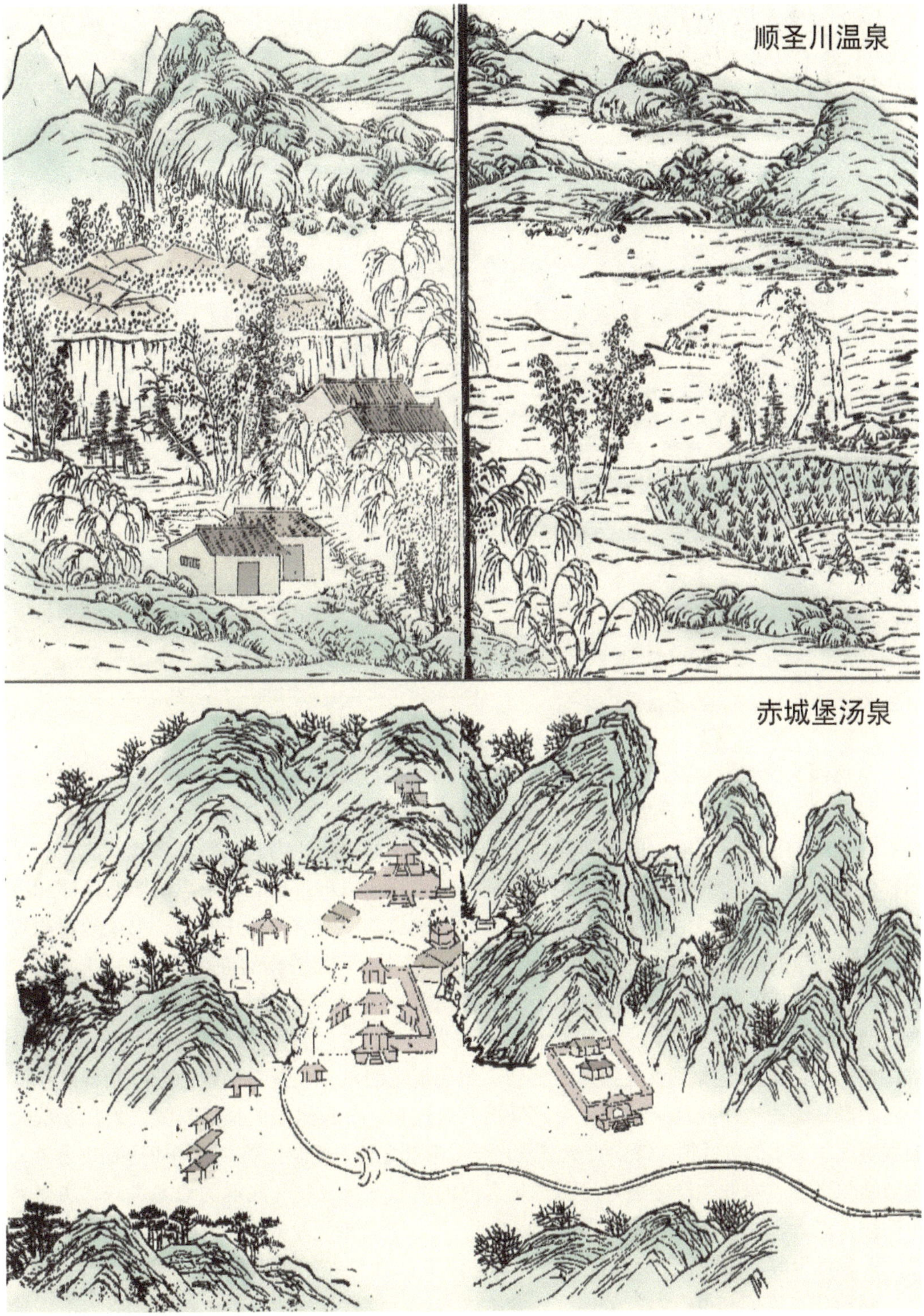


图 5-29　近郊园林之顺圣川三马坊、赤城堡（作者改绘自清《西宁县志》和清《赤城县志》）

图 5-30 广灵水神堂（作者摄）

从造园类型来看，藩王营建的王府园林深阔合宜、典雅清幽，与宫殿区的森严氛围形成鲜明对比。戍边官员营建的总兵府、都司、察院等衙署园林则多在梳理水系后就地修建，设置的花畴、果园、菜畦、射圃等突显出劝农、利民与勤武的为政思想和教化意义。私家园林讲求实用功能，开渠筑塘灌溉果花或移栽珍贵花木点染景致、标榜志趣。公共园林或利用城内潴水处、护城河、灌渠及桥头等设施形成公共空间，或依托戏台、书院等建构观礼教、集民众的活动场所。此外，聚落内外还分布着大量环境静幽的寺观园林。由于藩王、官员及文人组成的戍边士人大多具有较高的文化素养，融入诗情画意、题咏之作修撰成册，成为地景、园景、诗化意境及心境的融合，园林成为彰显一方之盛的“八景”载体（图5-31）。“八景”作为涵盖自然和人文双重胜景的集合，由此衍生的以“八景”为题的绘画和诗歌作品不胜枚举。绘画专门收录于地方志中，采用八景连章、分景组绘的描摹形式，增加了范式的叙事性和文本的可读性。诗中可见风景之佳、形胜之势、观游之美，可知戍边狩牧之责、军防塞垣之强、农业生产之盛，可感护佑帝阙的浩然豪气、驼马成群的边塞风貌、历史兴亡的怀古追索、边境永宁的军民渴盼。如体现长城边关常识经验的“居庸叠翠”“雁门紫塞”“玉关来远”等，凝聚着“以文凝边”促进边疆治理的人文空间规划思想（图 5-32）。

从营建“库库和屯”始，蒙地造园才随之兴起。清代以来，贵族、绅民、寺庙、衙署园林和公共园林大量涌现。造园的主体从封建政权贵族、王公和高官扩展到地方政府、普

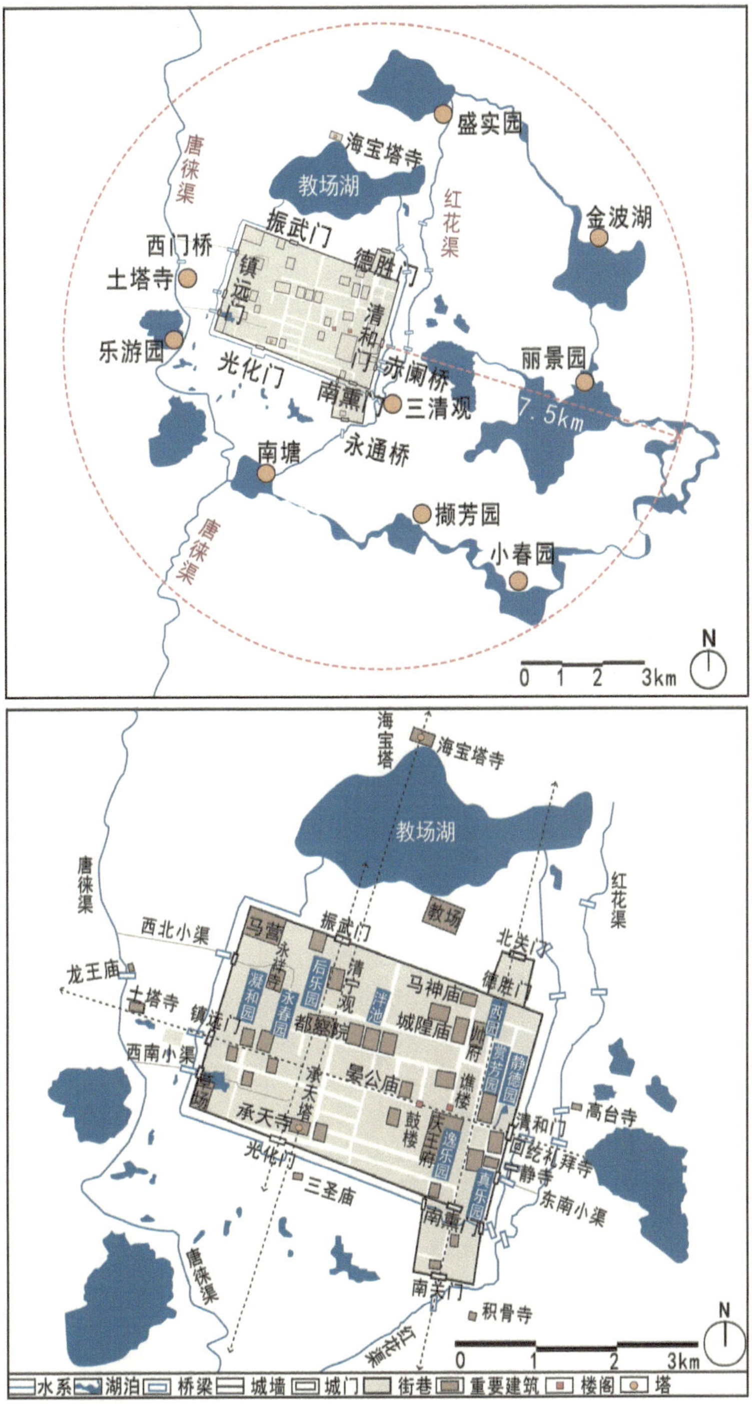


图 5-31　银川城园林景观[①]（作者改绘）

---

① 段诗乐，林箐．城景互融——银川传统区域风景系统 [J]. 中国园林，2022,38(1): 38-43.

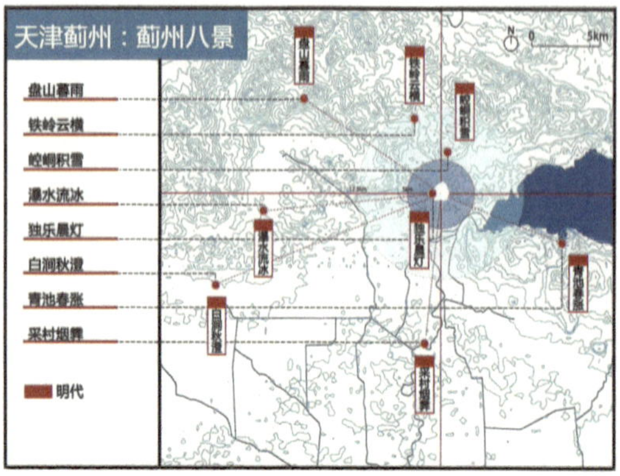
天津蓟州：蓟州八景
盘山暮雨
铁岭云横
崆峒积雪
漾水流冰
独乐晨灯
白涧秋澄
青池春涨
采村烟霁
明代
N 0 5km

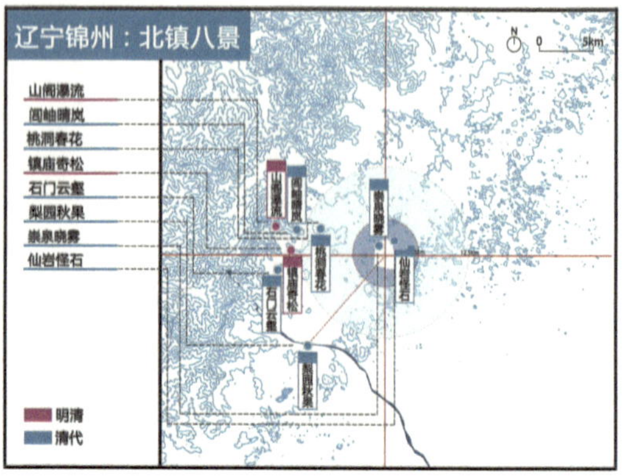
辽宁锦州：北镇八景
山阁瀑流
闾岫晴岚
桃洞春花
镇庙奇松
石门云壑
梨园秋果
崇泉晓雾
仙岩怪石
明清
清代
N 0 5km

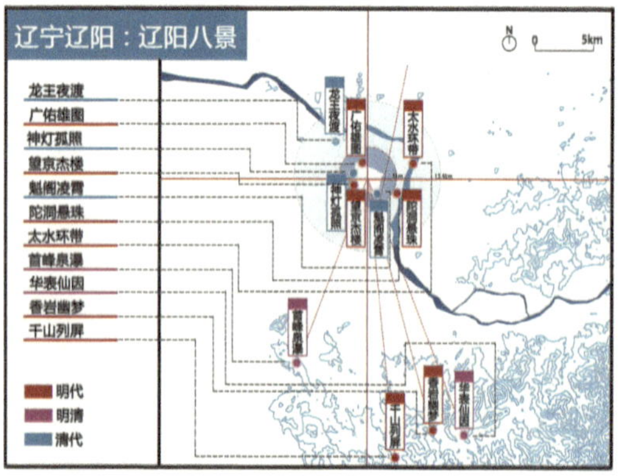
辽宁辽阳：辽阳八景
龙王夜渡
广佑雄图
神灯孤照
望京杰楼
魁阁凌霄
陀洞悬珠
太水环带
首峰泉瀑
华表仙园
香岩幽梦
千山列屏
明代
明清
清代
N 0 5km

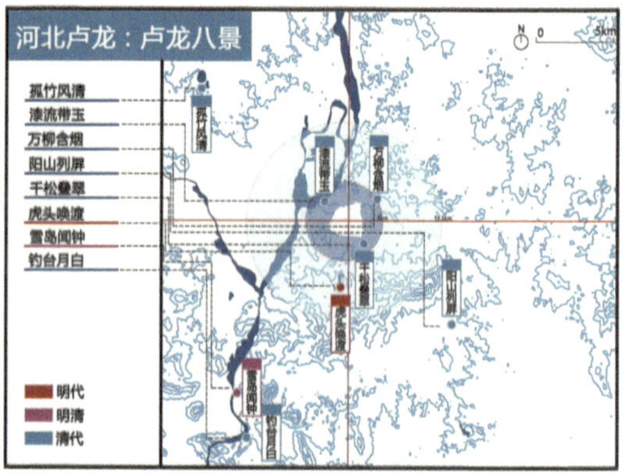
河北卢龙：卢龙八景
孤竹风清
漆流带玉
万柳含烟
阳山列屏
千松叠翠
虎头晚渡
雪岛闻钟
钓台月白
明代
明清
清代

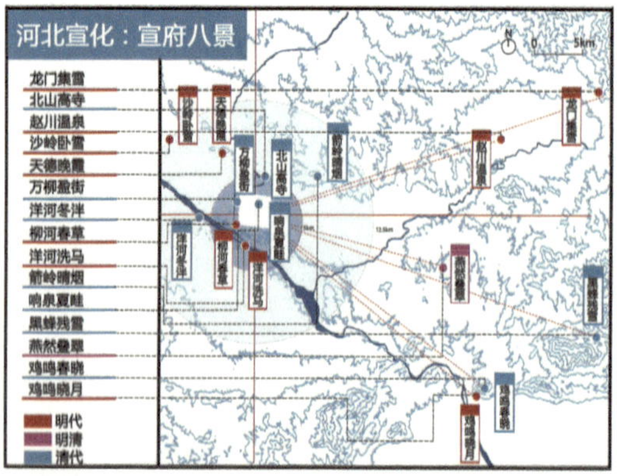
河北宣化：宣府八景
龙门集雪
北山高寺
赵川温泉
沙岭卧雪
天德晚霞
万柳盈街
洋河冬泮
柳河春草
洋河洗马
箭岭晴烟
响泉夏蛙
黑峰残雪
燕然叠翠
鸡鸣春晓
鸡鸣晓月
明代
明清
清代
N 0 5km

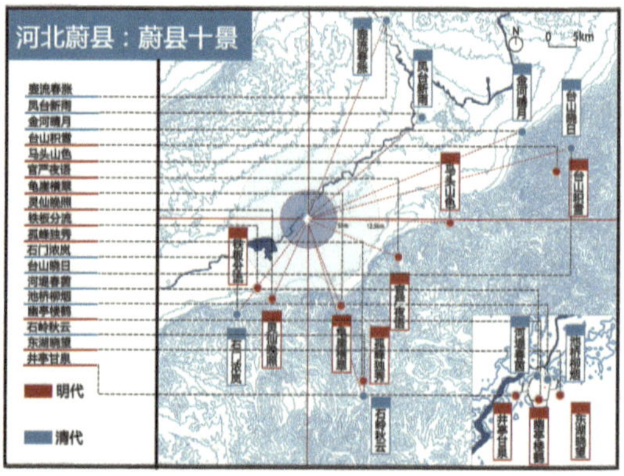
河北蔚县：蔚县十景
壶流春涨
凤台新雨
金河晴月
台山积雪
马头山色
官产夜语
龟崖横翠
灵仙晚照
铁板分流
孤峰独秀
石门浓岚
台山晓日
河堤春黄
池桥柳烟
幽亭倦鹤
石岭秋云
东湖晓望
井亭甘泉
明代
清代
N 0 5km

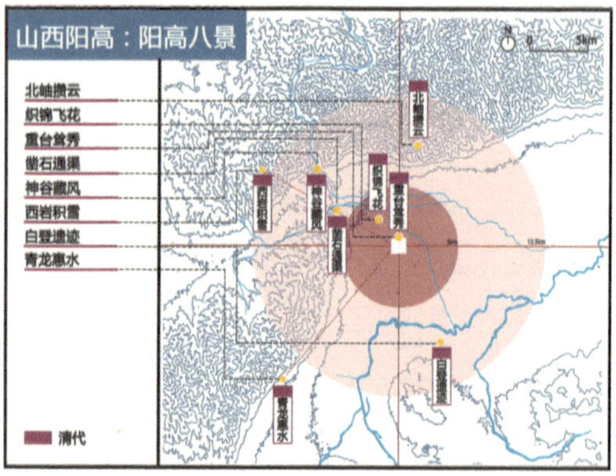
山西阳高：阳高八景
北岫攒云
织锦飞花
重台耸秀
凿石通渠
神谷藏风
西岩积雪
白登遗迹
青龙惠水
清代
N 0 5km

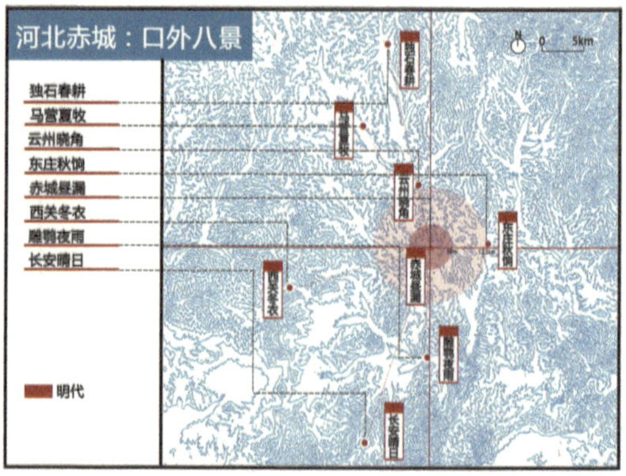
河北赤城：口外八景
独石春耕
马营夏牧
云州晓角
东庄秋饷
赤城昼漏
西关冬衣
雕鹗夜雨
长安晴日
明代
N 0 5km

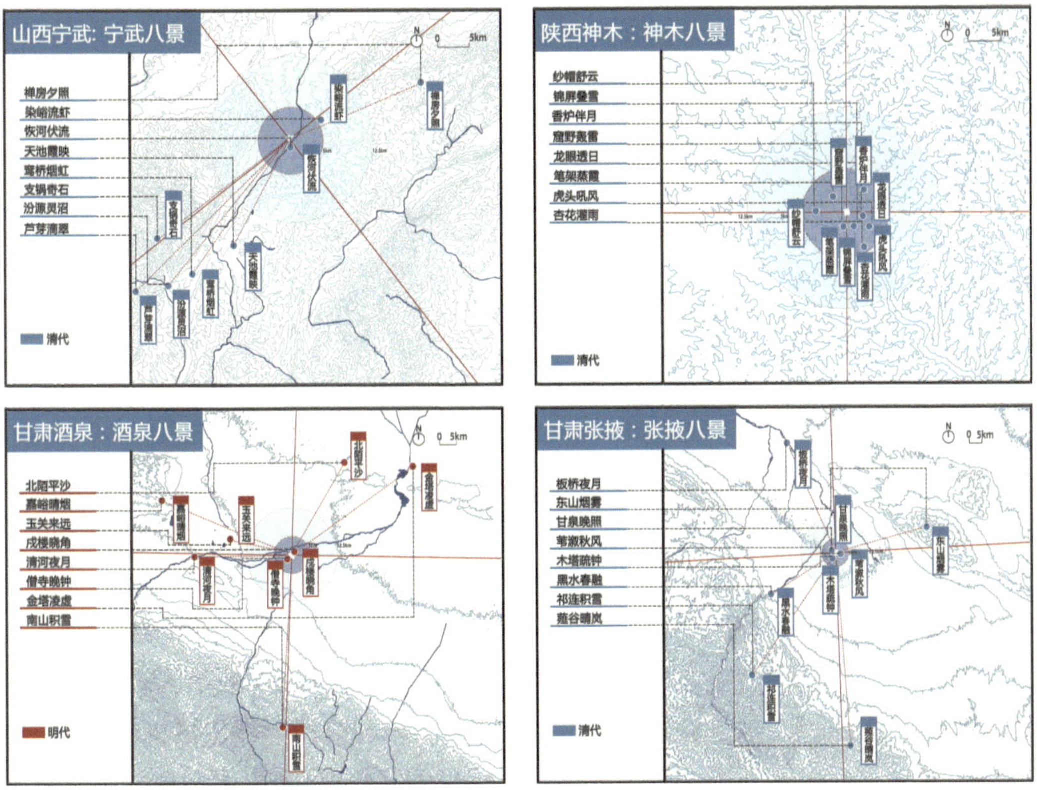


图 5-32　长城聚落八景（作者绘）

通民众。其中，归化城土默特、承德府赤峰州的园林分布最为聚集。贵族园林作为上层阶级等级、财力和地位的表征物态，是以封建礼制为桥梁，对蒙地进行的汉式文化的输入和延伸。主要包括为蒙古盟旗王公和清廷下嫁公主营建的园林，如喀喇沁右翼旗亲王府后花园、阿拉善和硕特亲王府花园、鄂尔多斯左翼前旗贝勒府花园等，以及巴林右旗固伦淑慧公主府花园、归化城固伦恪靖公主府花园等，皆以草原风光为基底，以住宅建筑为依托，空间开阔豪放，布局严整稳重，同时，设置圈养牲畜或珍禽异兽的园囿场所，体现了游牧民族的生产活动、生活风俗和草原情怀。清代中期，受定居生活和内地农耕文化影响，绅民私园开始萌芽，既栽植果木花圃，也建有亭台楼榭，体现了浓厚的农耕意识和劳作景象，形成阔绰优美的庄园风景，如归化城的董家、翟家花园等。此外，部分殷富居民开始在街头宅旁建起游园场所，丰富了地方民众单调的休闲活动方式，虽然造景简单，但足以点缀草木凋敝、荒芜萧疏的塞外风光。官署园林的造园者均为内地派驻官员，为改善办公和生活环境，多运用名胜题名的方式来强化园林的情怀意向和文人精神，寄托了造园者的慧心思虑和生活志趣，如归绥兵备道署“怿园”、绥远城将军府“澄园”等。公共园林指利用城内外自然环境优美的风景地，由地方政府或官员、民众兴建的城市公园和风景胜地。寺庙园林主要以植物、宗教物品等要素点缀寺庙空间，整体规矩朴素、庄严肃穆，但寺庙周遭多数空廓萧索、寂寥荒芜。总之，蒙地园林更多的是在与中原文化的交流中发展起来的，形成了开放包容、兼容并蓄的地域性景观表达。

## 四、叙事廊道——街巷轴线

### （一）街巷

长城聚落内部的街巷交通体系承担着划分街区、引导通行、输送物资等多种功能（街道）。节点空间是街巷的焦点，是空间连接的交叉口或交汇、转折、分叉等的中间媒介，其形式大致有以下四种：“十”字形通常以贯穿东西、南北的道路形成路网并与城门直接相通，轴线明确、宽阔平整、通透深远，富有气势，部分自发形成的聚落在相交处多形成错位的风车状聚集场所。“丁”字形虽不利于通行，但能够对视线进行较强的封闭，形成强烈的防御意向和曲折含蓄的空间美感，路口交叉处多立庙宇、神龛或泰山石敢当，起到驱邪镇妖和对景作用。“人”字形是指三条街道交汇于一点，俗称“三岔口”，弯曲的街巷本身产生出多重的景观画面，激发着人们的探索兴趣和欲望（图 5-33）。按照单一街巷的形态，可分为直线、曲线、折线、偏移和升降型五种线路景观，或在直线型街巷设置对景以补充视线的平淡，或随曲线或折线型街市空间的改变充分展示侧界面，或以偏移型街市增加新奇感，或以升降型街道增添街道的趣味性。

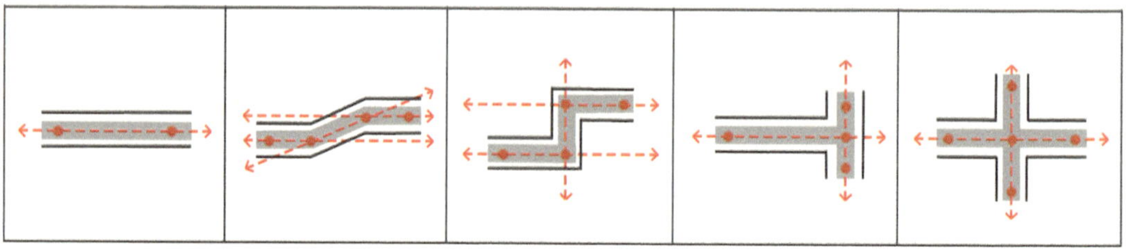

图 5-33　街巷类型（作者绘）

### （二）街市

图 5-34　张家口堡东门街（作者摄）

街市即所谓的“以街为市”，传统街市是商业贸易、交通行动、生活交往、文化礼制空间的复合，是聚落空间格局和街区风貌的重要构成要素，直接影响着聚落空间的发展及功能的完善。如陕北葭州中街、晋北新平堡北街、张家口堡东门街、高家堡南街等街市至今表现出顽强的生命力（图 5-34）。从商业建筑与街市空间的关系来看，连续性、导向性的线型街道空间和毗邻并置的商铺空间相互叠加，形成“街巷—铺坊宅—院落”的秩序模式。按照街市与聚落的关系大致分为五类布局，一是两轴重合，指街市与聚落轴线之间叠合，具体包括街市空间围绕聚落主轴展开的基本重合型和街市为聚落主轴组成的部分重合型。二是四面发散，街市以中心楼为轴心四面发散为东西南北大街，与两条轴线完全重合。三是单侧发展，聚落部分位于高岗之上，商业活动受到一定的限制，因此仅一侧设有街市。从街市类型来看，除了位于聚落干道的中心街市，还有位于交通要道的城关街市，由同行集合而形成的行业街市，以及坊巷散设的店面网点等，并与集市、庙市和走街串巷的小贩互为补充，以干道与坊巷为网络构成了聚落的整体商业布局。由于庙观、牌楼、城门、楼阁、古塔等穿插于街市节点或端头的表征教化礼制的标识性景观建筑的存在，不仅通过特定的要素组织方式形成较为固定的序列空间进而成为人们的共同认识，同时具有的历史情怀、历史象征和历史事件使得空间标识更具有深刻的文化意义。

### （三）叙事体验

文化依附于当地人的生活需求和风俗习惯并通过建筑空间传达，其空间组织是按照特定的社会组织秩序展开的。聚落街道空间除了交通功能，更多的是为居民提供交流、购物、休息的公共生活场所，既是市井文化的诞生地，也是构成聚落性格的重要组成部分。街市空间具有模糊复合性和叠加多义性，承载着聚落文化图景，记录着聚落风土人情，反映着聚落历史积淀，诉说着聚落的生活故事和光景。从空间层次来看，白天，街市两侧店面空间对外开敞，性质由私密转化为公共，成为街道空间的组成部分，加上非固定的货摊、可流动的小吃以及占卜、杂耍、游艺、卖唱等人气聚集活动的散布，更给传统街市增添了真切而丰富的生活交往体验和无尽的活力，展现出一幅幅生动的生活场面。从时间层次来看，不同的时间段具有不同的空间意义。晚上，院门紧闭、一片寂静，可院内灯火通明，另有一番景象。空间叙事集中表现为人对空间的辨别性以及空间给人的时间感受。标识性景观建筑在其周围形成场所域来增加观赏性和参与性，加强街市空间的序列感和层次感，也是突显聚落特色的标志景观，从而兼具精神意义和事物性意义。

## 五、叙事点核——公共地标

凯文·林奇在《城市意象》一书中指出：“标志是观察者的外部参数点，是变化无穷的简单的形体要素。城市居民依靠标志系统作向导。也就是说，对与众不同的特殊性的关注胜过了对相似的、连续性的关注。”在传统聚落营造过程中，结合各自的自然环境、文化传统创造出特定的聚落标志系统。标志系统作为聚落的点核要素，具有鲜明的空间特征和标识个性，易于形成人的视觉焦点和向心聚合的统摄性，是人们体验空间的参考物。不同结构的地标系统匹配不同空间形态类型的聚落，会形成易识别且导向性明确的聚落空间秩序。空间尺度要近辨其“形”，控制范围要远观其“势”。“形”强调相对静态的个体的局部细节性特征，“势”倾向动态的群体的总体概括性感受，二者在人的运动中不断进行时空转化。标志通常指具有代表性的物体，如建筑、牌坊、山丘或水系等要素。“中国古代城市通常结合城市的周边自然环境和当地文化传统形成城市的标志。其独特的文化内涵、雄伟壮观的景致，或是精妙绝伦的外形往往都会成为一个城市符号和文化代表，对山水城市的营造有重要的意义。”①

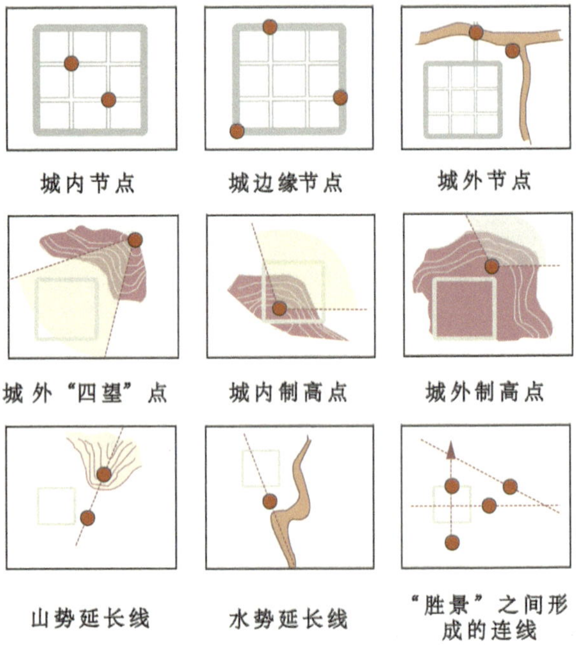


图 5-35　公共地标建筑择址（作者绘）

地标建筑作为标识性、控制性公共景观，与山水风景、礼制教化、公共游赏和风水形胜等息息相关，是传统聚落的显性要素和风景符号。从聚落空间来看，地标系统作为重要空间类型和主导要素是自觉塑造聚落形象、场所意义的关键，蕴含着深刻的设计哲理和精心的景观构思，此间，表现出对公众知觉心理的指引、识别、暗示等“语言”传达。标志系统根据与聚落空间的关系可分为节点、边界和控制点三类（图 5-35）。其中，边界地标建筑与外部存在着明确的“看”与“被看”的视线关系，如府谷千佛洞建于黄河岸边高崖的岩缝之中，与南门下的控远门和下山的台阶道路组织在一起，从山下仰视极为醒目，强化了整体的磅礴气势。控制点地标建筑通常根据自然地理环境的制高点设立，注重轴线与城轴、水轴、山轴的景观重合或交点契合，如葭州城南郭东墙边的凌云鼎，雄踞高山之巅，登临其上，秦晋大地尽收眼底，其建造位置经过慎重考虑，正对两侧黄河河轴，八角形的多轴线平面和隔层对开四窗使得瞭望角度能有更多的选择。节点标志建筑凭借独特形式、高大体量和重要位置对聚落空间形成有力的导向、聚合及中心作用，如位于“十”字形或“一”字形主干道的中心楼、钟鼓楼等。钟鼓楼由报警、报时、通信等实用功能逐渐演变为必要的礼制性建筑；中心楼是满足阴阳五行学说“择中”观念的祀佑建筑物，在建造时序上，与定地点、辨方位、建城门息息相关。此外，还有木构楼阁和砖石建造的塔，如蔚州南安寺塔、龙门卫城重光塔、蓟州观音寺塔等（图 5-36）。

从聚落环境来看，经过长期经营的占据制高点或控制点的边墙、烽燧、关隘等人工防御设施与自然环境融为一体，形成了体现长城聚落特色最为突出的标识。从聚落本身来看，城垣、城楼是长城聚落防御意象中最明显的形态存在，而楼阁、坊塔等形象突出、位置重要的公共建筑，通常出现在人们日常的行为线或活动空间能够看到的视觉范围内，形成易识别的聚落或区域认知的标识。冠山类聚落往往将山体一侧作为聚落主要景观面，建造标

① 李婉仪 . 晋中盆地山水城市营造的文化传统与景观理法研究 [D]. 北京：北京林业大学 ,2020.

图 5-36　长城聚落中的塔（作者摄）

志建筑来强化聚落雄踞山巅的气势，同时凸现在聚落图景的轮廓之中，如府谷的魁星楼、葭州的香炉寺与凌云鼎等。踞山类聚落常以楼阁为中心，连接主干街道的过街牌坊并与城门搭建起聚落的主副轴和空间骨架，同时，于背靠山体或面朝河川上建立标志物强调聚落朝向和轴线。依山类聚落的标志建筑借助山势逐级升高，轴线顺应坡度方向可瞰可揽。笼山类古城兼有冠山类古城和踞山类古城的特点。此外，以要素为中心的空间—形体表层结构转化为以关系为中心的场所—文脉深层结构，或占河山之胜，或据柳林之秀，或为宗教祈福的活动之所，或为追怀向往的人文胜境载体，最终建构为景象空间、活动空间与人文空间的意义共同体（图 5-37）。

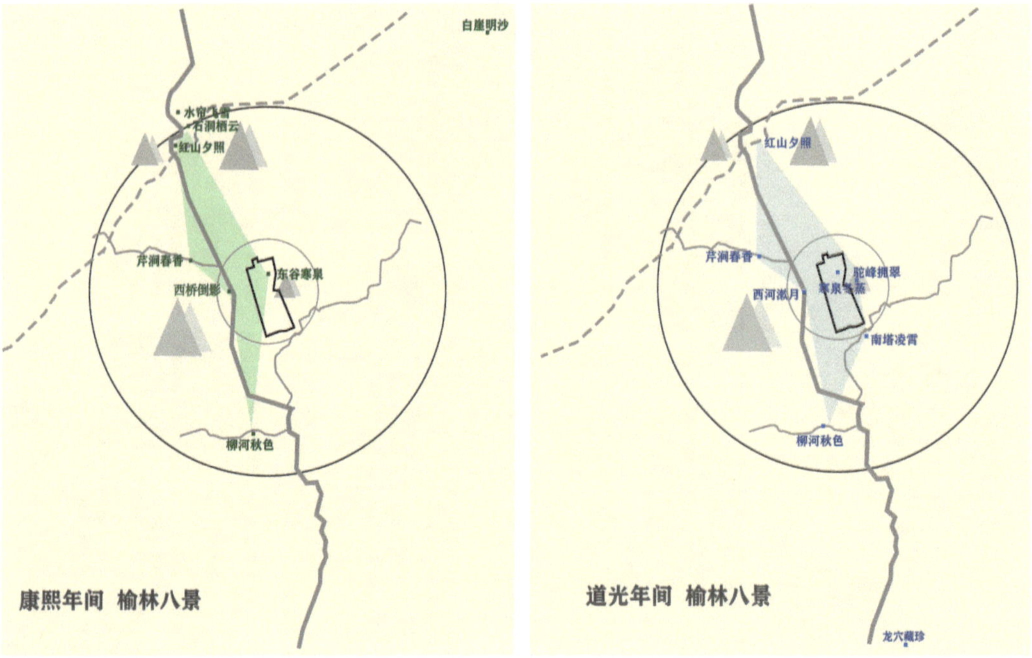


图 5-37 榆林景观点核（作者绘）

# 第三节

## 长城聚落景观的叙事空间系统建构

### 一、聚落景观叙事空间建构

在长城国家文化公园建设过程中，强化中华文化的对内凝聚力和对外传播力、影响力，建构独特的叙事结构和叙事媒介能够强化国民文化身份认同的通道，亦即在新的长城文化空间中实现新时代的“语境化”。在长城国家文化公园叙事中，长城聚落作为富含象征、意义、符号、价值、情感和记忆的场所或空间，“可依托自身的复合资源来辐射周边地区构建国家文化公园的总体空间结构，通过融入与建构文化记忆，进行长城文化记忆场所的保护利用”①。叙事性要求以特定时期内长城历史事件和活动为主题进行整体的保护利用，强调时间、空间与事件的对应性，其意义为历史事件发生全过程在空间上的物质性投影及印记，并强化各场景之间的物质空间的联系和历史发展脉络上的连续，从而提供或还原可感知的相应历史场景和动态图景，来促进学习性、故事性、参与性、扩展性。而“叙事途径”首先通过对事件痕迹爬梳建构起保护利用的新历史，各种新含义作为传统结构的现代转型关联组成一个整体物化结构；其次，通过资料梳理、解读并结合现场勘察掌握事件与物质空间的对应关系，从而厘清对象发生发展的历史脉络和时序；最后，从整体上分析长城聚落景观与长城的互动关系，从而基于社区文化和民众生活重新建立遗产保护与聚落发展的联系并获得新生。空间叙事作为利用空间和场所进行文化信息传递的途径，以空间物质要素为媒介，利用各种相关表达、阐释途径，向游览者讲述、传递信息、事件、记忆、传统等，在体验过程中的接收者也可依据叙事媒介和个人的知识体系对空间进行文化认知和自我诠释②。

### 二、空间维度的聚落景观叙事“层级语法”

长城聚落景观作为承载了大量历史文化信息的“叙事文本”，有着内在逻辑关联与组织结构的完整叙事系统，有着基础的“空间语汇”以及要素组织、排布的空间“层级语法”。

---

① 毛华松，吴映华夏，王雪纯，等．国家文化公园综述——内涵特征、实践进展与理论探索 [J]. 风景园林，2023, 30(2): 57–64.

② 曹磊，韩轶群，李子璇．叙事空间视角下的天津大运河国家文化公园空间格局构建 [J]. 风景园林，2023, 30(2): 65–72.

## （一）景观叙事的空间语汇

长城聚落景观叙事需要同时注重体验者的感受和聚落的时空结构特征，并以环境、文化和日常生活为基础，再上升到聚落场所与历史事件的综合关系，从而直接让体验者从空间的历史物质与文化形态角度来准确认知聚落的文化精神，引发情感体验与生活记忆，进而理解长城国家文化公园所要讲述的“历史故事”。长城聚落景观叙事系统建构的本质就是让空间讲述故事，空间成为特定故事的表达载体和展现媒介。以长城聚落景观来关联“叙事文本”，可将聚落景观、行为活动、串联路径、场所空间分别对应于主语（或宾语）、谓语、定语、状语。主语和宾语分别表示行为（动作）的主体和受体，聚落景观作为二者的角色集合体，是行为活动、串联路径、场所空间构成的事件集合体。谓语作为对主语行为动作的叙说，指向聚落和聚落中的“人”的社会功能、生活方式、文化习俗等行为活动的印记。定语是主语、宾语的修饰语，指向串联路径的领属、特征、状况、数量等，利用空间要素将事件和历史串联组织起来。状语起修饰、限制谓语的作用，对应场所空间来看，即从时间、处所、范围等对行为活动进行空间限定和历史叠加。总体而言，通过寻求长城聚落景观和空间叙事语汇的有效途径，实现对外展示风貌、体现特色，对内留存记忆、赓续文脉。当然，叙事的核心不是范畴、概念、词汇及表述的简单转换，而是将抽象理论转化为直观的生活逻辑和“审美语言”，把话语之“词”提炼成为“他者”所理解的概念和表述，亦即叙事主体运用特定的叙事传播途径将叙事内容呈现给叙事对象而引发思想共鸣、达成行动共识。

## （二）要素组合的文本层级

在语言文学中，文本有构架、篇章、段落、语句、词汇的层级划分，将其引入景观叙事中，按照要素组合，山水环境景观、聚落格局景观、簇群街区景观、街巷轴线景观、公共地标景观分别对应文本构架、结构篇章、主题段落、承启语句、点睛词汇。

### 1. 主题段落——簇群街区景观

聚落叙事段落分区的依据主要是以聚落内叙事资源的具体分布情况而定。长城聚落的簇群街区作为基质反映在聚落空间结构中，主要包括自然、人工要素等物质环境和文脉、民俗等人文环境，是一种能够反映聚落文化内涵的具有相同的空间肌理和内在结构的较大区域的景观场所。这构成了叙事文本中的主题段落。虽然，目前长城聚落的保护与利用更为重视或考虑以标志建筑物为表征的文化要素，但是簇群街区作为“基质”正是长城聚落文化要素得以存在的背景，更能体现出长城聚落的传统文化气质和当下的生活状态。而且，正是簇群“基质”所形成的街区整体秩序才使得聚落空间具有更为多元的包容性，才能形成新旧交织的长城聚落空间脉络。所以，不仅要强化长城聚落的“图形”，更要完善和修补聚落的文化基质，规划长城聚落的“底色”，为文化形态的延续和表达提供载体。长城聚落的簇群街区作为聚落大系统中的重要子系统，如果仅把其作为内向、封闭的古董以展陈的方式“供奉”在长城聚落环境之中，必然显得与周边建筑环境的更新和利用格格不入。

在长城国家文化公园建设背景下，首先，应通过健全街区的场所属性把文保建筑整体纳入长城聚落的规划设计之中，形成系统有序的景观空间结构关系，从而以“自由呼吸”的场所空间提供给民众宽泛的视域和机会去亲近、阅读和审视。其次，以主题关联、功能统括的方式与现代聚落发展构建出符合当前普遍生存法则的延伸景观轴，以“微言大义”式的喻示建立对长城聚落景观的思考和表达，形成社会、文化、美学、经济相互关联、支撑的聚落意义整体。最后，通过转化出的具有标示作用的长城聚落街区景观符号体系，寻找和展现长城聚落的景观文化传统和景观文化内涵，从而连接当代长城聚落的发展战略和民众生活并延续其历史使命。“要素除了包含一般意义上的空间物质之外，还注重聚落历史文化和精神内涵的延续与整合，这些记忆和内涵物化为外在的空间场所，以一种现代的敏感去唤醒地方的情感认同。”① 记忆场所都有自己的历史文化故事，有着内在的张力和文化意义。

### 2. 文本构架——山水环境景观

当前，虽然不少融于自然的长城传统聚落、纵情山水的长城景观环境早已湮没在快速发展的城乡建设之中，但是，可以继承、发扬聚落景观的营建思想和方法，并将其转译为现代的景观设计语言。一是山水环境景观感知范围内的整体保护。长城聚落创建时的规划范围不受行政边界、河流道路或用地类型等要素限制，因而，当前的长城聚落景观设计也应将视野着眼于广阔的山水环境中，以视域感知范围进行整体把控，而不仅局限在规划区域、聚落范围或建设用地本身。二是典型胜景与标志建筑的延续。长城传统聚落胜景的构建主要通过寻找空间中的关键节点进行标志性人工营建并组织其与胜景的空间关系，以此发展游览体系和人文活动。因此，当前应维护关键节点和空间关系来罗织聚落的风景秩序与人文空间，重拾“八景”文化传统。三是关键视域、视线通廊和轴线空间的建设控制。长城传统聚落山水环境景观的空间秩序包括四望形成的景观视域、对望形成的视线通廊，还有依据山形水势或胜景分布构建的城内标志性建筑、郊野风景建筑与自然景观共同形成的轴线关系，所以，应以点带线、以线带面，控制关键视域范围内、视线通廊地段、空间轴线地段的人工景观建设。四是标志点人工营建与空间关系组织。“以标志点位置和主要景观之间的方位与方向性来决定视线通廊、轴线空间及关键视域的范围，以轴线空间范围内的建筑体量、形态、风貌、立面控制，保证标志点和主景的视觉吸引力和对景关系”②，以“一方之望”或“对望”构建对景关系和确定眺望点，组织视线关系形成空间轴线，构建完整的眺望体系和视线通廊，从本体分布范围扩展到视觉可以感知的更大空间域来划定遗产保护范围。

---

① 马雪梅，王晶．传统村落古河道与记忆场所耦合机制探索 [J]. 沈阳建筑大学学报（社会科学版）,2021,23(4): 325–332.

② 李梦珂．基于“形胜”思想的陕西省历史城镇风景营建研究 [D]. 西安：西安建筑科技大学 ,2022.

### 3. 结构篇章——聚落格局景观

长城、长城聚落及各类附属设施共同构成了一个具有横向展开和纵深支撑结构特征的完整聚落格局体系，分别在宏、中、微观层次上，以地缘政治形势为背景组织整体长城聚落，以区域山川形胜为依托构建区域长城聚落，以地形地貌条件为基底营建具体长城聚落的景观格局体系，不同层次与组织结构共同构成长城聚落的完整价值系统。空间结构作为聚落主要构成要素的分布规律和组合关系的载体，是特定历史时期经济、社会、文化的特质在空间层面上的直接反映和具体体现，同时，也在不同地域、不同功能、不同文化的聚落中表现出丰富的差异性。作为结构篇章，在长城传统聚落空间结构的形态特征方面，虽然历经时代变迁，但仍有部分痕迹和样态得以保留，如长城聚落网格模式依然清晰并保持着单中心的聚落格局，围合聚落的河流与护城河形成连续的水环境，近现代规划建设使得聚落结构向多重中心过渡而导致聚落空间在历史文脉、空间格局产生的功能、交通、景观等新的结构关系交集和并存。而从长城传统聚落空间结构的文化表征方面来看，多元民族文化交融的混合型文化特质至今都有所体现。总体而言，根据城垣形制、空间格局、传统街巷、空间视廊、周边环境的空间分布特点和事件关联程度等影响因素，依据保护主题一般可分为网状、线状、点状景观结构构成的三类及下属层级分类，其重点在于规划聚落景观空间结构的展示路线，以及强化景观节点之间的联系，同时在聚落格局体系中保护事件发生的过程和相关活动、歌曲以及仪式等非物质遗产的系统真实性、功能完整性和视域延续性。

### 4. 承启语句——街巷轴线景观

叙事语句是聚落叙事系统中将各个叙事空间联系在一起的重要结构。“关联耦合理论强调系统环境中各构成元素之间的‘线’性作用规律，把流线的动态性作为空间环境的动力因素，并强调系统性、联系性和动态性，其核心是为相互独立的要素、场所提供一种线性规律和空间秩序，从而加强对空间环境的连续认知，形成对长城聚落景观文化背景、生活实态、地方传统的一种整体记忆印象。”① 长城聚落街巷轴线景观叙事由筛选要素、确定线索以及建构模式三个部分构成叙事“语句”的承启，具体筛选过程和各资源点的时序关系、区位关系、事件关系以及游步道与各遗址点、资源点之间的链路关系密切相关。确定线索以“线”为分析变量，通过物质、心理、行为和控制四类进行分析以综合调控景观空间环境，厘清聚落空间节点、交通系统、传统街巷等的各种影响线，从而揭示景观叙事路径和线索并建立起场所之间的联系。模式建构指通过轴线串联形成骨架性、功能性以及文化性空间要素的耦合关联，借以产生一种完整的、连续的场所感知过程。骨架性要素在划分空间的基础上串联功能，各记忆场所分布穿插其中；功能性要素引导新旧功能转换，促进新旧形态的相互融合与地域适应；文化性要素包括物质线索和非物质线索，借助文化旅游轴线、聚落景观轴线等建构出特定长城聚落文化主题和意义的体验路线和记忆场所，使人深入体验并参与到历史故事与文化情景中。单纯的视觉感知早已无法满足游客对深度体验的要求

① 马雪梅，王晶．传统村落古河道与记忆场所耦合机制探索 [J]. 沈阳建筑大学学报 ( 社会科学版 ),2021,23(4): 325-332.

和对历史文化意义的认知，因此，应全面挖掘隐藏的长城聚落景观系统结构、功能、文化和美学等语义信息，来提升长城聚落的体验效果，建构长城的完整意义。

#### 5. 点睛词汇——公共地标景观

形胜理念引导、挖掘、组织胜景与标志点人工营建的空间关系。胜景包括自然山水、物候气象等自然景观和古迹遗存、宗教场所等人文景观，是人工营建的空间参照，在此根据特定视线、尺度、空间关系营建可观的城内标志性建筑和可行的郊野风景游览地。针对山峰、古迹等点式，河流、山势等线式，河川、山野等域式的不同类型胜景，标志性建筑往往以不同的模式与之进行空间关系组织，具体营建位置有节点、控制点、延长线三类。节点指道路、城墙、河流等各种线性要素的端点、交叉位置，通常与点式胜景形成轴线关系，或者延续线性胜景的走势。控制点一般指城内或郊野的制高点，视线发散、视域广阔，在此可揽收城境、四望周遭、俯瞰郊野，其中，四望控制着“域式”胜景，其本身即是点式胜景和聚焦点，或与点式胜景、其他标志性建筑之间形成对望关系而建立起视线通廊。延长线指选址于山势、水势的隐含空间轴线上，由多处胜景串联形成心理感知上的虚轴，可以强化线性景观或塑造新的轴线空间。总之，选址于节点、控制点、延长线的标志性建筑与点、线、域式的“胜景”之间形成明确的空间轴线关系时，明确的方位感和方向性通过引导街道走向、确立建筑布局等形成优越的叙事感知，从而实现营建尺度小、视觉尺度大、精神尺度深远的景象空间。因此，除文物保护外，应充分认识到整体聚落格局的重要性，适当恢复曾在格局构建中发挥关键作用的重要地标建筑。

## 三、时间维度的聚落景观叙事“层积机制”

2011 年《关于城市历史景观的建议书》中，根据城市历史景观的定义要求，应当将城市地区理解为各类价值的时间片段和空间分散的“层积”的结果[①]。长城聚落经历着初生、成长、兴盛或衰退的发展过程，其间也曾出现过对聚落职能、空间、文化等产生影响的事件，这些事件即独属某一聚落的故事并构成了基于时间维度的发展历史，而其结果则关联映射于三维的聚落空间来体现。对长城聚落特定历史“时间断面”中的景观要素进行断代剥离和叠加分析，从而总结不同历史时期中景观变化的过程规律、提炼文化遗产本体对象的“层积机制”（图 5-38）。

### （一）择址定基初生聚核——生长聚集

长城聚落在初生阶段，虽然促使聚落生成各自演化的核心因素各异，但几乎所有的聚居模式都会自发地围绕某一典型中心内核聚集发展，此间，该聚落内核发挥着生长聚集的锚固作用。诚然，此典型核心并非一成不变，对应各种确定或不曾预料的事件、历史环境

① UNESCO. Recommendation on the historic urban landscape[R]. Paris: UNESCO, 2011.

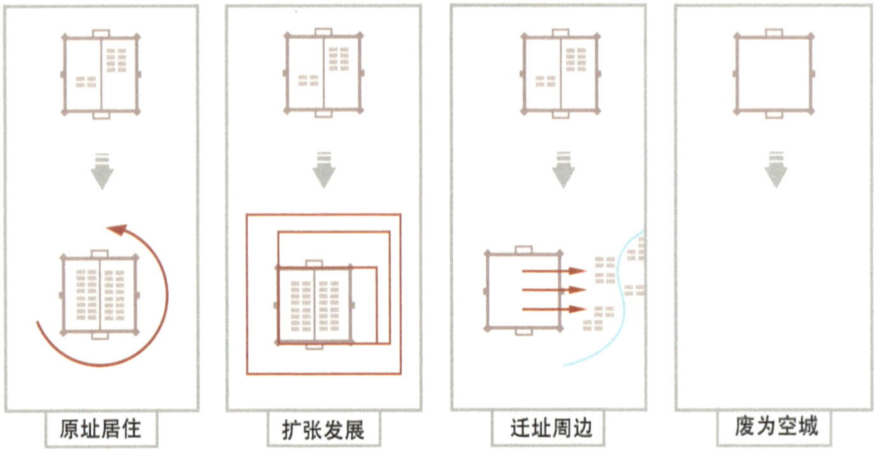


图 5-38　长城聚落景观发展类型（作者绘）

等情况而发生演变或突变，进而形成次级锚固核心。例如，明代是中国封建社会筑城运动的高潮阶段，长城聚落亦于此时涅槃重生，虽始建于明代的聚落并不多，但对其的多次重修和完善基本全部涉及，尤其是虏患加剧的时期，修筑频率更是直线飙升；而清代以来，众多内地移民涌入口外蒙地，输入了内地文化理念使得聚落景观也更趋多元。长城聚落诸多景观叙事要素随之创造出新的长城聚落景观文化，从宏观的格局到中观的簇群，再到微观层面的地标，以及承启上述层级的街巷场所，承载着人居、职能、历史与精神文化等内涵信息（图 5-39）。

## （二）多元复合成长分异——更迭分化

长城聚落在成长阶段，随着时代的更替、事件的累加、记忆的充盈，积淀形成富含历时性和多样态的特殊场所，长城聚落景观对象在结构关系上产生更迭分化。聚落空间形态随着职能动力与社会关系的转变产生相应调整[①]。“层积化空间向外扩张的过程伴随着锚固点的形成或消逝，原本较为集中的层积化空间甚至与锚固点相互转化。”[②] 隆庆议和后，从历经战乱到世代清平，具有战备防御功能的长城聚落的军事色彩慢慢褪去，同时，在乡民们的意识中，军事性的堡寨也日渐等同于普通的村庄，其原来具有的军事防御功能也蜕变成为乡民提供安居乐业空间的生活性功能。例如，明清迭代，其势耸峙的真武防御系统相应式微，以玉皇阁为中心的“空间规制”最终得以确立，如顺圣川东城玉皇阁、天镇县新平堡玉皇阁。

① 肖竞，曹珂．基于景观“叙事语法”与“层积机制”的历史城镇保护方法研究 [J]. 中国园林，2016,32(6):20–26.
② 田梦瑶，郑文俊，艾烨，等．桂林山水城市历史景观“锚固 – 层积”时空过程解译 [J]. 中国园林，2022,38(3):26–31.

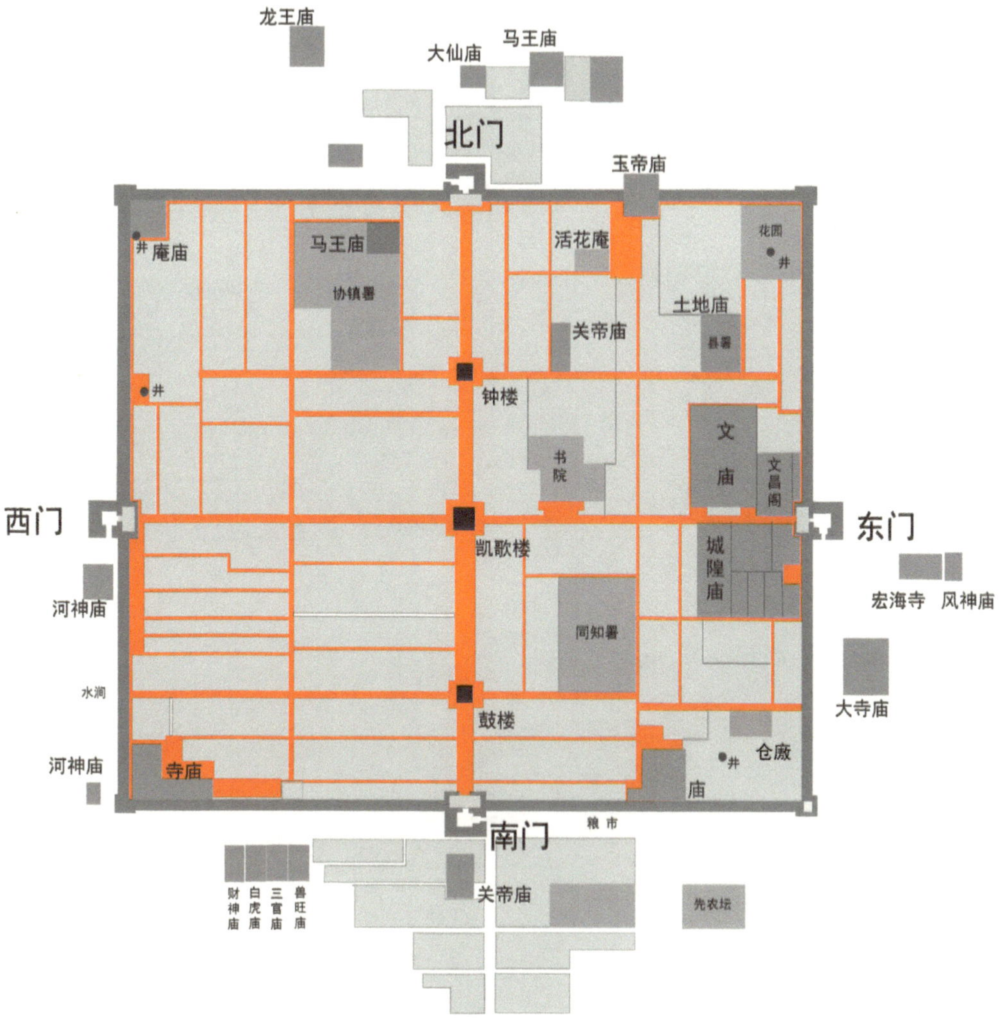


图 5-39　神木城平面格局示意图（作者绘）

## （三）系统秩序兴盛定型——演替融合

长城聚落在定型阶段，无论是出于对传统营城思想的演绎、历史原型的重新改造，还是政治身份建构的彰显，聚落中的层积化空间受到的锚固作用持续加强，结构发展成熟。明代聚落的职能稳定、格局明晰、分区细化、街巷贯通、簇群致密，地标特征差异更加显著，城镇景观呈现出系统化、秩序化的变化趋势。而至清代以后，围绕长城聚落以既有格局中具有重大意义的局部地段为中心，通过拓展用地规模、复兴历史胜迹、增添空间设施、丰富总体格局等手段，强化既有城市格局的特色性、共识性、连续性，从而维系并凸显城市整体格局秩序和体验序列。而且，长城聚落通过人口、资源的往复迁移和文化的传承传播，新的叙事要素不断出现，已有叙事要素的属性亦在不断变化，最终逐渐融合为一体。

## （四）残破落败衰退消解——延续减缩

道萨迪亚斯指出："引起聚居疾病的原因主要有四个，即老化、异常的生长、功能和准则的变化、人们错误的行动。"[①] 分别对应以下几个方面：聚落不能满足时代的功能需求；超出人口承载规模限度而在聚落外呈线性或放射性扩张；新建区域空间零碎杂乱，与周围

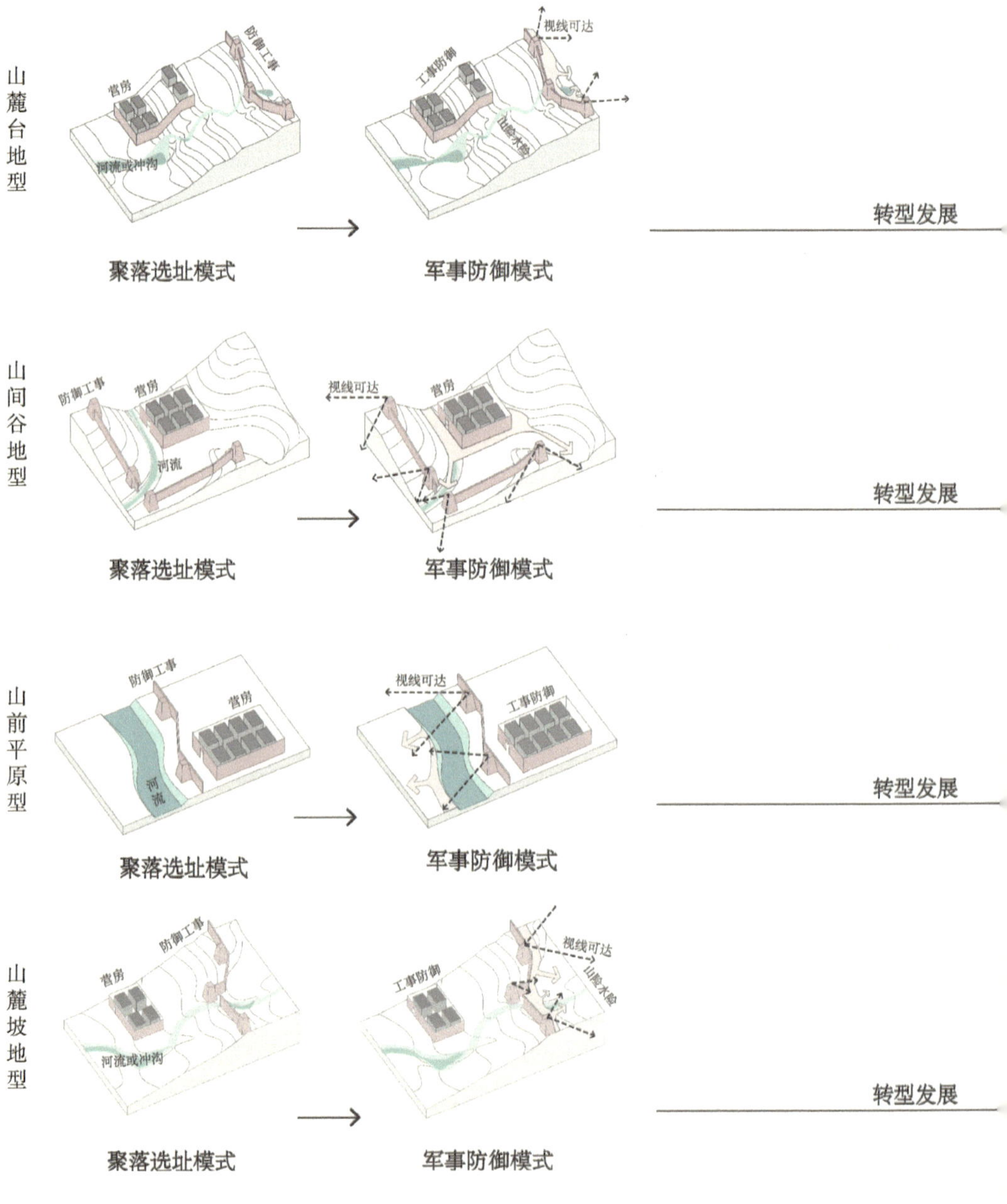


① 吴良镛．人居环境科学导论 [M]. 北京：中国建筑工业出版社，2001:269.

环境风貌格格不入；过度经济利益化造成聚落的发展方向迷失，简单粗暴的建设活动给保护工作带来严重的负面影响。明代卫所制度在清初被改置和裁汰，导致大量军事营房、公廨等被废弃，所占区域并未发展出兴盛的街坊或商业区，直至 20 世纪末期依旧居民稀少、土地空旷，甚至出现了城内种田的景象；而主要商业街市、行政衙署则被基本沿用，依旧是主要的商贸经济集中区并继续发展（图 5-40）。

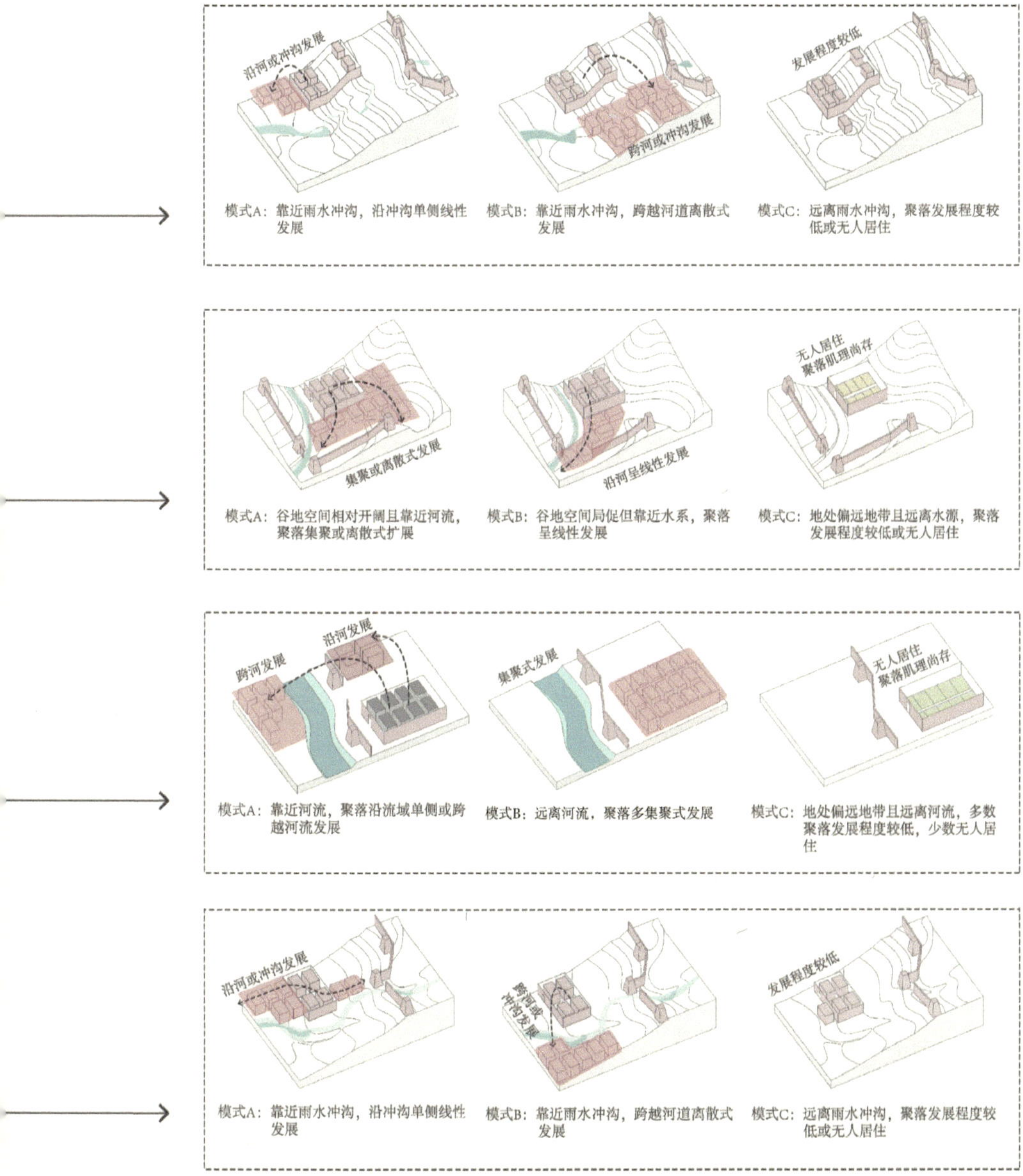


图 5-40　长城聚落景观演进类型[①]（作者改绘）

① 冯君明，李玥，李运远．大同镇明长城军事聚落营建智慧研究 [J]. 古建园林技术，2022(2):31–36.

# 第六章

# 长城国家文化公园聚落景观现状与价值

习近平总书记强调：“要系统梳理传统文化资源，让收藏在禁宫里的文物、陈列在广阔大地上的遗产、书写在古籍里的文字都活起来。”① 当前，如何赓续复兴散布在地理空间中、退隐在历史时序间的文明碎片和文化因子，已经成为我国实现新型城镇化和乡村振兴的根基。从宏观结构来看，虽然当前长城聚落景观资源呈明显的沿长城沿线延伸的带状分布状态，但整体存在结构受损、连续性缺失、辨识困难、形象单薄、社会认知较低的问题，聚落资源类型的地域分布并不均衡，不同类别的聚落资源分布也有一定的差异。同时，由于长城聚落缺乏相互之间的整合和联系，也导致景观个性减退、价值丧失而成为散布的“边缘”或“孤岛”。从微观个体来讲，大量物质坐标由于单体要素的弱相关、离散状态，通常被孤立地划入各级文物保护单位或名录，无法体现文化遗产更为深层的历史联系和身份价值，陷入发展定位泛化、历史身份焦虑、保护利用迟滞的窘境。由此也导致长城聚落的保护利用要么停留在相对低阶和落后的状态，要么成为过度商业化的“风景名胜”，要么因自然侵蚀和人为破坏而逐渐消失。大量割裂历史文脉和忽视场所精神的“建设性破坏”行为导致长城聚落的历史风貌、文化特色迅速泯灭。庆幸的是，虽然大多数聚落格局很难完整再现，但原有聚落功能却以各种形式被传承下来，或保存完好，或历经重建，或延续职能，如聚落干道仍是商业大街，县府衙署亦即政府驻地，文庙学宫多为文教单位。因此，价值评估并不完全以其单体价值的高低来衡量，而是通过对长城聚落价值的认知来产生整体认同，对其价值差异的评估来合理定位，对其价值层次的解读来采取相应措施（图 6-1）。

① 李瑞振 . 不断拓宽“让文物活起来”的路径 [N]. 人民日报 ,2022-05-17(9).

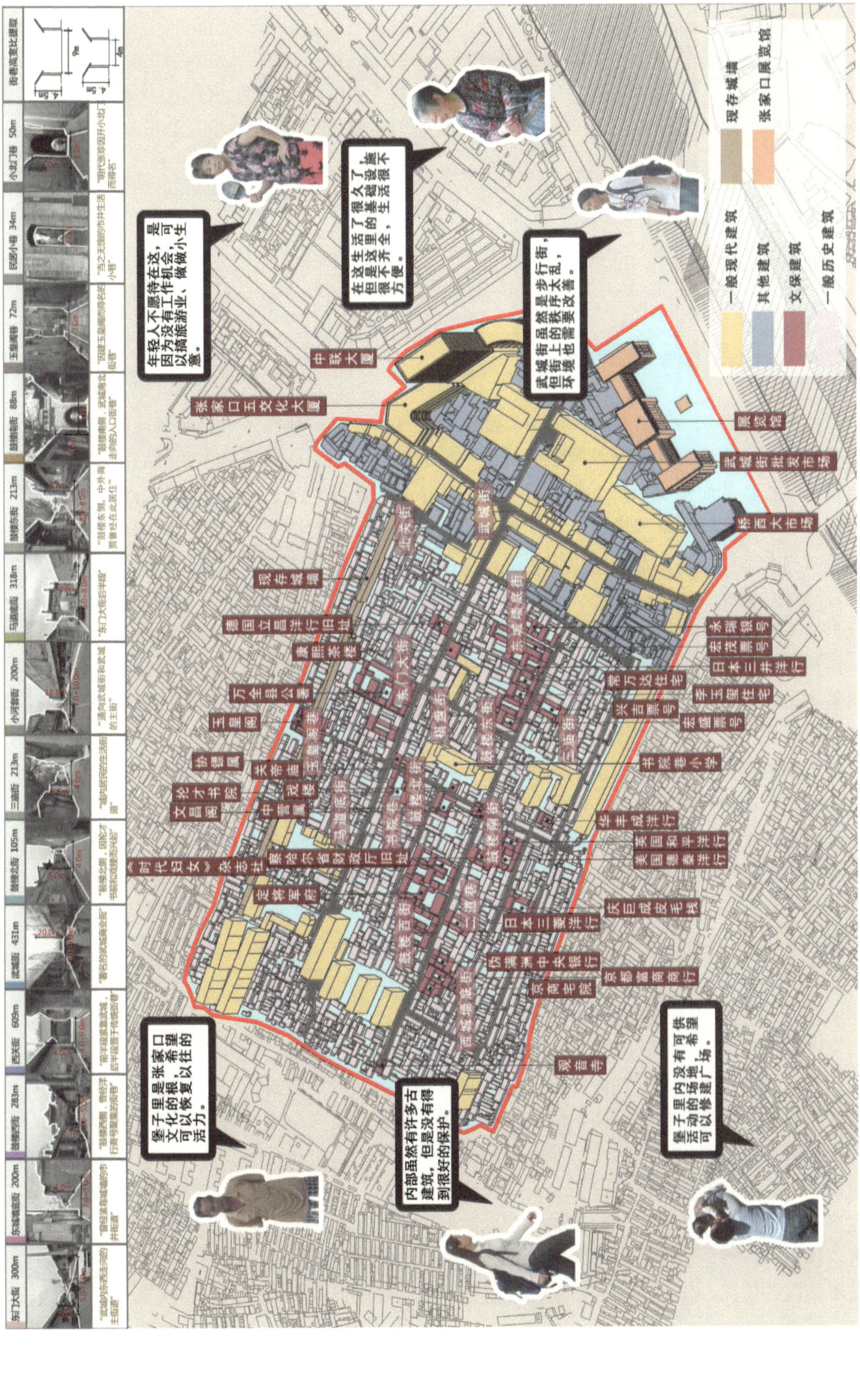


图6-1　长城国家文化公园大境门段张家口堡现状（作者绘）

# 第一节

# 长城国家文化公园聚落景观资源现状

## 一、长城聚落资源类型

对长城聚落进行科学的分类是对其研究的基础，分类的前提是对长城聚落的基本特点及其定位的全面把握和甄别。类型由两个角度展开：其一，从聚落基本性质的角度出发来把握其特色，从而便于保护工作的开展。如严格按照营建制度、礼制精神和王权思想引导的政治型聚落；特殊地理位置、物产资源及交通优势造就的经济型聚落；典型军事选址、设防布局及防御体系生发的军事型聚落；以及由某种特殊职能发展而来并构成聚落特征和个性的特殊职能型聚落。当然，在长期的发展过程中，长城聚落往往具有多种职能，构成分类的基础仅是对其主要职能的定性分析。其二，从聚落禀赋遗存的角度出发来把握其现状，从而便于发展模式的探索。①聚落格局特别完整，建筑遗存特别丰富，平面型制清晰，城垣基本呈连续遗存，有较为完整的防御性构筑形态，能够完全反映聚落的历史风貌，具有悠久的历史文化和浓郁的聚落风格，如张家口堡；②聚落格局比较完整，建筑遗存比较丰富，聚落范围可见，平面型制较为清晰，有可辨识防御性构筑遗存，多数历史地段能够集中反映其历史风貌，具有鲜明的标志建筑和明显的聚落特色，如西洋河堡；③聚落格局已不完整，平面型制难于辨识，夯土墙体遗址片段式存在，仅有个别防御性构筑物，建筑遗存一般，仅有重要的历史建筑保存完整，个别历史地段可以反映其历史风貌，如波罗堡、清泉堡；④聚落格局不完整，仅有个别历史建筑反映其历史风貌，以个别重要文物保护为主。

## 二、聚落资源类型构成

长城聚落资源类型的构成作为一种认知方法是长城聚落保护利用的前提，是依据资源共同性和差异性进行归纳对比，建立具有从属关系和相互联系的多层级资源类型体系，从而使聚落信息条理化、系统化，形成不同级别、不同层次的亚系统，其构成框架要求富有弹性且具有一定的兼容性，以便于容纳补充新的资源类型。按照长城聚落的原有属性和现存禀赋，可以聚落资源类型的构成分为以下五个方面。一是聚落属性构成，分为长城军事聚落体系和口外蒙地聚落体系两类，但随着时代的发展，原有的聚落一直在演变之中；二是聚落居住情况，分为居住、开发、荒废三种；三是保护级别构成，依据我国聚落遗产的保护级别分为文物保护单位、列入保护目录和有待保护三个层次，其中，文物保护单位分为全国、省级、市和县级，列入保护目录分为历史文化街区、历史文化名城名镇名村，二者均有国家和省级两级；四是现今行政级别构成，涵盖省、市、县、乡、村各个级别；五是保存状况构成，依据《长城资源保存程度评价标准》分为较好、一般、 较差、差四类，其中，差类基本没有开发价值，仅能作为文化延伸附属区或补充遗存点。而从长城聚落遗产要素的构成特征来看，一方面古建筑与古遗址是塑造沿线历史环境景观的重要组成内容，主要分布于明清时期，其中又以清代最多；另一方面在遗产要素中，经济交往、文化交流、军事政治类型的遗产要素优势突出，这些类型的遗产要素是长城国家文化公园聚落景观保护利用重点考虑的方向。

## 三、聚落资源划分方法

在长城国家文化公园建设的背景下，长城聚落的具体文化资源主要指向能够用以促进聚落发展并可共享的物质和非物质文化资源，其划分主要有四个层次：大类——按照资源的基础属性分为复合型、文物古迹、非物质文化资源以及自然文化资源；主类——按照大类保存现状和资源赋存进行划分；亚类——按照主类的功能属性结合保护级别进行划分；基础类——对亚类要素进一步细化。此外，为突出主要特色，应将优势类型放在首位做必要的补充和说明。其中，按照《国务院关于加强文化遗产保护的通知》的要求[①]，大类中的复合型资源包括历史文化名城、历史文化街区以及风景名胜；文物古迹包括遗址遗迹、古墓葬、古建筑、石窟寺及石刻、近现代史迹及代表性建筑等不可移动文物；非物质文化资源包括民俗文化、表演艺术、传统手工艺等；自然文化资源包括地文、水文以及生物资源等，是维系聚落特色的主要组成部分。基于此，可按照四大层次，将不同时代、不同类型、错综复杂的长城聚落文化资源进行分级梳理。

## 四、聚落资源系统整合

长城国家文化公园聚落景观叙事设计，应建立全面的景观遗产要素描述的系统整合模型，完成遗产资源系统整合。

第一，文化遗产资源登录。“文化线路不是历史城镇、文化景观等物质要素的简单叠加，必须通过‘无形的历史精神’将这些分散要素联系为一个完整整体。”[②] 基于范围界定和时间限定进行资源分布普查，将遗产点进行数据登录，通过比对确定遗产点的位置、走向关联性和分布连续性。文化遗产资源要素登录包括作为文化遗产存在见证的物质要素和赋予文化意义的非物质元素，构成要素分为价值相关、功能相关和内涵相关三大类、若干亚类

① 中华人民共和国国务院．国务院关于加强文化遗产保护的通知 [EB/OL].(2008-03-28)[2023-11-10].https://www.gov.cn/zhengce/content/2008-03/28/content_5926.htm?ivk_sa=1024320u.

② 戴湘毅，姚辉．国际文化线路理念演进及中国的实践 [J]. 首都师范大学学报 ( 社会科学版 ),2017(1): 78–87.

及要素。此间，历史信息蕴含着遗产点之间更深层次的线索和关联，切实反映了社会空间和地理空间关系，遗产要素的系统筛选是通过对其所处社会环境背景的元素读取并形成空间认知地图而实现的。长城聚落遗产数量巨大、类型丰富、相互关联，确定文化主题成为划定遗产范围、清晰识别构成要素及文化遗产登录的重要依据，形成以长城文化为核心主题，军政戍守、贸易往来、文化交流等为衍生主题的聚落主题体系。核心主题相关遗产要素受地理位置、环境条件、军政级别、军事防御的影响形成了不同空间特征和功能定位的重点遗迹遗产。衍生主题相关遗产要素分为："军政经略遗产要素包括军事防御、军备工程及战争遗迹专题遗产；文化交流主题遗产要素包括宗教、民族与历史文化艺术遗产；贸易往来主题遗产要素包括商品流通与商品生产等功能的经济贸易物质遗存。而长城地区人类活动所留下的非物质文化遗产要素则贯穿其中，成为支撑长城主题及物质性要素存在的文明坐标。"①

第二，文化遗产要素关联。长城聚落遗产要素不再相互独立，而是精神内涵和物质实体的共同证据链，更强调遗产要素与公园主题的"关联"。判别聚落遗产是否属于文化主题，是否能纳入国家文化公园清单，取决于其是否在特定历史时期内和线路有直接或间接的关联性以及是否见证了长城文化的整体意义，而不是仅考量遗产点自身的文保价值级别。从本质上来讲，这是一种建构"关系"的遗产类型，不是对遗产广泛地分类收集与陈列，而是超越单体形态来揭示长城文化隐含的深层关联和景观价值。一是遗产要素与公园的动态性关联。政权主导、贸易需求、宗教传播、文化交流等原动力与基础、附属设施等维持机制是形成动态性的基本因素。虽然某些遗产自身价值并不高，但其与聚落的整体运转产生了动态性关联。二是遗产要素与公园的专题性关联。国家文化公园不仅指向宏观视野的国家"历史性"，选择标准也应包含塑造地方"专题性"的重要事件和要素，因此，遗产要素或与长城特定功能无关，但因见证重要历史、人物事件和生活习俗、社会现象和特色文化，形成同一语境并产生专题性关联。三是遗产要素与公园的环境关联。自然环境具有对文化资源的衬托和连接功能，从而形成长城不同区段的微观性差异，同时也有大量在长城聚落建设之前就存在或后期形成的遗产要素，虽然与长城聚落的建设发展无关，但在空间位置上相关，有助于塑造景观风貌、环境特色，也要作为环境关联性遗产纳入整体性保护。

① 霍丹 . 辽东古驿道文化遗产整体性保护研究 [D]. 大连 : 大连理工大学 ,2020.

# 第二节

# 长城国家文化公园聚落景观资源价值

## 一、长城聚落景观价值因子

基于长城聚落层级特征，从“整体—区域—本体”三个不同层次对聚落遗产价值进行评价，上一层的评价结果作为下一层次评价的基础。国家文化公园文化资源禀赋与旅游发展之间的耦合状况和相对优先程度是重点。

### （一）长城聚落本体价值

长城聚落遗产的评价指标主要涉及历史价值和现存状况，又可进一步分解出多个子项。历史价值是历史发展过程所赋予的聚落属性，现存状况是聚落遗产是否值得保护的依据。历史价值评价一般包括建置年代反映聚落遗产的历史悠久度，聚落级别反映聚落遗产的重要程度，聚落规模和聚落类型体现聚落遗产的不同特点，防御级别体现聚落在长城防御体系中的地位等。现存状况包括现今行政级别体现其所在地区的发展状况，保护级别体现了聚落遗产的法律认定，保存状况能够反映现状的完整程度，物质与非物质文化遗产数量反映了内部遗存的丰富程度，居住情况决定了社会价值能否得到体现，聚落范围和道路格局体现了聚落遗产的完整程度，遗存状态直接体现是否有开发的价值等。根据上述指标将长城聚落遗产按照价值大小分为四个等级：第一等级保护级别较高、遗产格局完整，保存现状较好；第二等级遗产格局较完整、范围大致可见，具有开发的潜力；第三等级尚有地面遗存、濒临消失，亟须有效保护；第四等级已无地面遗存、整体价值低，利用的可能性很小。值得注意的是，大多数低级别城因数量多、规模小、保存情况差易被忽视，而它们恰恰是明代防御力量完整性的主体，不可因其遗存情况差将其移出保护范畴。

### （二）长城聚落区域价值

长城聚落区域范围由不同等级、数量的聚落组成。历史价值评价因子按照聚落数量、类型、级别等各分为三级，第一级聚落数量、类型、级别种类相对较多，级别也相对较高；第二级聚落类型、级别种类较少，最高聚落级别低，但聚落数量较多；第三级聚落数量、类型、级别种类相对较少，最高聚落等级级别较低。现存状态评价因子通过聚落数量、质量与分布状况等各分为三级，第一级为区域历史价值较高，聚落遗产点数量、质量与分布能够反映该城区的原有格局；第二级为区域历史价值一般，聚落遗产点数量、质量与分布能够反映该城区的原有格局，或区域历史价值较高，但聚落遗产点数量、质量与分布不能反映该城区的原有格局；第三级为区域聚落遗产点数量、质量与分布能够反映该城区的原有格局，但其历史价值很低，或区域历史价值一般，但聚落遗产点数量、质量与分布不能反映该城区的原有格局；此外，不纳入分级。综上所述，得出长城不同区域的综合价值分级评价，最终界定第一、二、三级作为区域资源。

### （三）长城聚落整体价值

长城聚落整体遗产资源保护与文化旅游过程是否适宜结合是其价值评价的关键，需要对不同长城聚落景观空间、单元、源点的文旅体验进行分析才能得出结果。首先，聚落遗产源点是价值评价构建的前提基础，也是文旅休闲活动中的具体景观对象节点，对应在长城聚落区域中的重要性来确定其评价等级。其次，长城聚落景观单元指向的是周围环境扩张或衰退对于“遗产源点”建设的干扰因素，如长城聚落邻近的水源、水域可作为潜在的景观廊道，长城聚落所处的地形地势导致的聚落遗产分布和现状，直接关系着长城聚落景观保护利用的适宜性。而从宏观的景观空间来看，可连接性、可达性以及便捷性是反映适宜性的重要考量因子，如道路交通决定的各层级道路系统相结合的长城国家文化公园的游憩通行网络。将上述因子依据权重进行叠加分析，可按照适宜性评价划分为高、中高、中、低和不适宜性等五个等级，作为长城聚落景观空间、单元、源点的选取和长城国家文化公园建设规划范围划定以及空间格局的构建依据。

## 二、长城聚落景观价值认知

长城国家文化公园聚落景观的综合利用价值包括严格保护本底基础价值、利用直接应用价值、发展间接衍生价值，同时，每一类价值要从空间、时间和文化属性三个维度来把握。空间上维护景观遗产的整体、连续和文化氛围的相容性，时间上确保景观遗产历史演变过程及时间演化痕迹的压缩性，文化上注重景观的文化属性与时空节点的关联性，从而形成规模化的文化效应。

### （一）价值编码

长城聚落景观的价值编码有以下类型。一是开放式编码。首先是贴标签，通过分解长城聚落的调研资料，将有效景观信息精简、提炼并建构标签定义；其次是概念化，将相同或相近的标签归纳为概念，提炼出反映聚落问题且并列的多个概念；最后是范畴化，将上述概念再次提炼合并、分类总结得出能涵盖多个概念的范畴。二是主轴式编码。通过关联性与差异性再次编码，建立范畴之间的类属关系，以特定逻辑主线明确长城聚落景观价值组成的八个副范畴（历史、艺术、科学、仪轨、情感、环境、社会和利用价值）以及价值体系的三个主范畴（基本、附属和衍生价值）。三是选择式编码。发掘能够统领和串联主范畴的核心范畴，核心范畴主要对其他范畴进行解释[①]，进而发展出扼要全部的故事线。以逻辑顺序关联三个主范畴的关系是其特征，基本价值以历史特征作为发展基础串联附属和衍生价值，作为发展进程体现的附属价值和其他价值共同结果的衍生价值表现为现状景象、未来导向（图 6-2）。

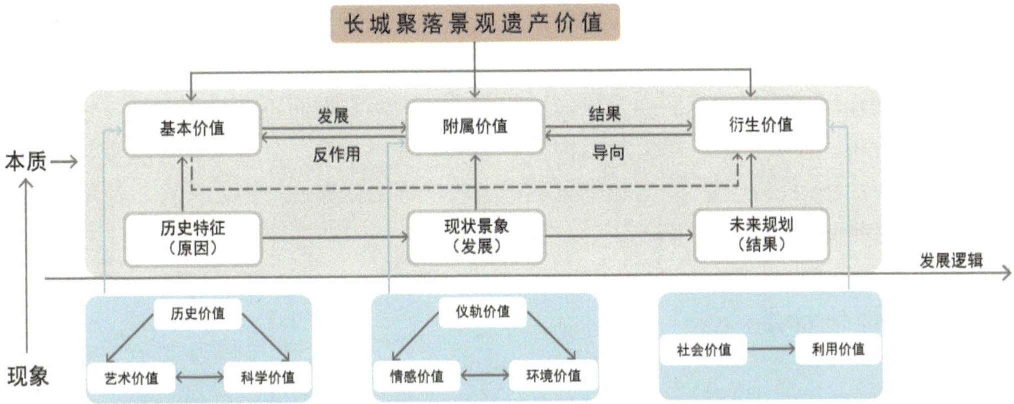


图 6-2　长城聚落景观价值构成示意图（作者绘）

解析文本的历史性存在需要考古、历史学者身份的“解码者”。通过图示、文字、语言本体元语言的信息转换为三维空间的文本虚拟投影。解码之前已有编码，编码之后也就形成了“再编码”。长城聚落景观的功能从生活场所转移为消费社会的旅游目的地，“编码”在所难免。编码过程是对原文本的再生产，一方面是让新的信息（包括空间和空间叙事）与文物本体保持必然的关联性，使其核心性加强，而不是让冗余的符号与装饰将其遮蔽；另一方面，“是用空间体验的明线激活工作目标的暗线：明线是以聚落为主体、围绕这个历史文本展开一系列有层次的空间序列和相关展陈，使观者能够更好地欣赏、阅读、理解，并由此获得身心体验和愉悦；暗线则是通过提升聚落的环境品质和重新解读加强场所的凝聚力和活力”[②]，为当下长城聚落人居精神价值的重塑创造契机。

## （二）价值模型

以长城聚落作为媒介逻辑链，将内容繁复、层次多级的聚落景观遗产价值处理为标签、核心范畴和主副范畴等系列关系，最终形成以传统基本价值为突出表征，以当代附属价值、衍生价值为发展规划的价值模型。作为本体的基本价值包含历史、艺术和科学价值，注重同一时期不同地域下的横向比较、同一地域不同时期的纵向比较。长城聚落的历史价值是

① 李娜 . 内蒙古大召寺建筑遗产价值研究 [D]. 呼和浩特：内蒙古工业大学 ,2020.
② 王辉 . 五龙庙环境整治设计的理论性思考 [J]. 世界建筑 ,2016(7):110-114+127.

以时间为轴，见证了政治、经济和社会生活的演变状态，提供了特定时期历史事件、人物活动、生活状态等物质空间环境，强调数量和质量的唯一性和稀缺性；艺术价值指聚落遗产反映的审美风尚、人文观念、社会情怀、历史传说等非物质层面，以及与长城、驿路、烽火台等相互关联的独特文化景观，二者以不同的方式传承和展现了长城聚落的独特艺术成就；科学价值主要体现在规划理念、空间型制、建筑结构、营造技艺等方面，提供了科学技术水平和人类活动能力的历史佐证。附属价值表现为习俗仪轨、情感象征和环境价值，是时代条件下的产物。习俗仪轨价值承载着宗教仪轨、民俗仪式、信仰心理等；情感象征价值承载着特定时空的文化认同、家园归属、记忆延续和精神寄托，使人在体验时能够感受到其中赋予的真实情感；环境价值指向构成聚落景观环境、提供空间活动场所、烘托人文胜境氛围的作用。衍生价值面向未来的文旅开发、聚落发展而不仅限于追忆，包括社会价值和利用价值。社会价值是指所具有的教育中心、民俗活动、公益慈善等综合功能；利用价值表现在经济效益方面的使用价值呈现，长城聚落文化属性与当前人民日益增长的精神诉求合并由此引发新的价值增长点。

### （三）价值标准

传统价值和当代价值同样重要，应将长城聚落景观遗产要素与长城国家文化公园进行多层次的价值关联和价值判断，以形成科学适宜的价值标准。价值评价标准的确立需要明确二者所处的特定时空维度，具体为时间的绵延性和空间的联系性。时间维度包括聚落产生或形成的特定时期的历史背景，以及定位聚落在成长进程中特定阶段所扮演的角色；空间维度包括聚落的空间形状、位置、属性以及所处文化环境的动态演变。其中，原真性是价值评判的基础，文献审视可以提供建造时间、历史事件与人物、社会背景成因，实物调查可以呈现地理环境、材料资源、工艺技术、使用功能等；代表性能够全面说明聚落产生并存在的特定文化和历史情况，能够表征时代、历史、文化、技术的典型特征；完整性包含聚落本体的完好度与其所见证物质信息的完全度两个层面；稀缺性是指聚落遗产从现存数量的多少上体现其珍贵性，时间上也能代表资源的不可再生性。总之，以原真性为基础，代表性、完整性、稀缺性为导向，基于时空考量才能共同构成建筑遗产价值的评价标准。当然，评价标准并非固定的模式，因个体差异、个人特征、价值取向的原因，群体的不同也会成为影响价值评判的因素而具有一定的倾向性，因此，需要将长城聚落立足于特定的历史背景中去思考其价值表征和核心。

## 三、长城聚落景观价值评估

### （一）长城聚落景观文化遗产特征

长城聚落景观价值评估包括微观层面的文化资源的综合价值分析和宏观层面的文化公园的整体价值评价，当然，并不是所有的长城聚落都能被纳入国家文化公园的保护利用，其必须具备独特的景观风格和文化特色（图 6-3）。具体来讲，一是内涵的多元复合。长城地区地处北方农牧交错带和文化交流互动活跃区，因此，应在文化迭代过程中具备多元复合的传播融合的特征。二是类型多样。核心遗产具备明显的层级特征，形成功能完整、等级鲜明的遗产系统，各类文化、军事、政治、经贸、宗教和社会生活相关的遗址内容丰富。三是功能活态延续。遗产功能的活态延续性是其区别于其他类型文化遗产的特征，蕴含着政治、经济、文化上经久不息的脉动，记录着地理、历史、人文等内涵丰富的信息。基于此，通过整合长城聚落景观文化资源、挖掘长城聚落景观文化特色，重视长城聚落历史环境、文化设施、公共空间等物质环境的改建，立足长城聚落文化活态现实，探寻不同文化交融渗透、共同发展、差异共存的可能，最终以长城文化空间和消费空间的再创造来促进地方产业转型和经济发展，从而实现长城国家文化公园文化生态价值多样性的建构。

### （二）长城聚落景观多维价值评价

针对长城聚落涉及遗产点数量大、类型多的特点，以及长城国家文化公园建设所要求的相互关联的整体性和系统性特征[①]，因此，应在广泛的现状调研基础上结合长城文化主题的重点和特色进行资源取舍，依据文物级别、历史事件、富集保存、价值内涵以及社会认同度等方面建立多维价值的综合评价体系，“认识和理解遗产多维度的内涵关联与价值特征，清晰地揭示不同主题类型遗产之间的价值等级，也有助于在未来保护利用时，充分发挥这些遗产的优势价值及遗产之间的价值联系”[②]（图 6-4）。在价值评估时，应明确遗产资源在价值分级、特征和前景等方面的主体认识，以及当前背景下价值主体的多层次需求，进而确定遗产主题和价值要点，然后基于真实性、完整性的评估来检验遗产要素对遗产价值的表达是否充分。其中，“完整性评价包括遗产价值和文化信息载体在结构或留存现状上是否表现完整，以及保留下来的文化遗产是否能够证明和反映出特定历史、技术或美学的综合信息”[③]。此外，更要对遗产线路完整性以及遗产单体相关环境的完整性与协调性予以评判，其是否能够保证足够的发展空间。空间完整性包含公园结构完整性、遗产本体要素完好程度以及与之相关的环境完整程度；时间完整性包含不同历史时期环环相扣形成了完整的时间轴和时空跨度。真实性主要是指遗产要素与公园的关联性，以动态相关、专题相关和环境相关三方面对遗产资源关联方式进行考量，为与自然、与人类的相互发展的真实性分析提供了科学的依据。通过结合长城聚落景观遗产要素与长城国家文化公园多维关联性考察进行纵向的综合价值评价和排序分级，同时，对不同聚落价值评价结果进行横向比较，以明晰各自优势及待提升之处。

---

① 长城、大运河、长征国家文化公园建设保护规划出台 [N]. 人民日报 ,2021-08-09(1).
② 霍丹 . 辽东古驿道文化遗产整体性保护研究 [D]. 大连：大连理工大学 ,2020.
③ 杨松 . 黄河文化遗产构成及价值评价研究 [D]. 济南：山东建筑大学 ,2023.

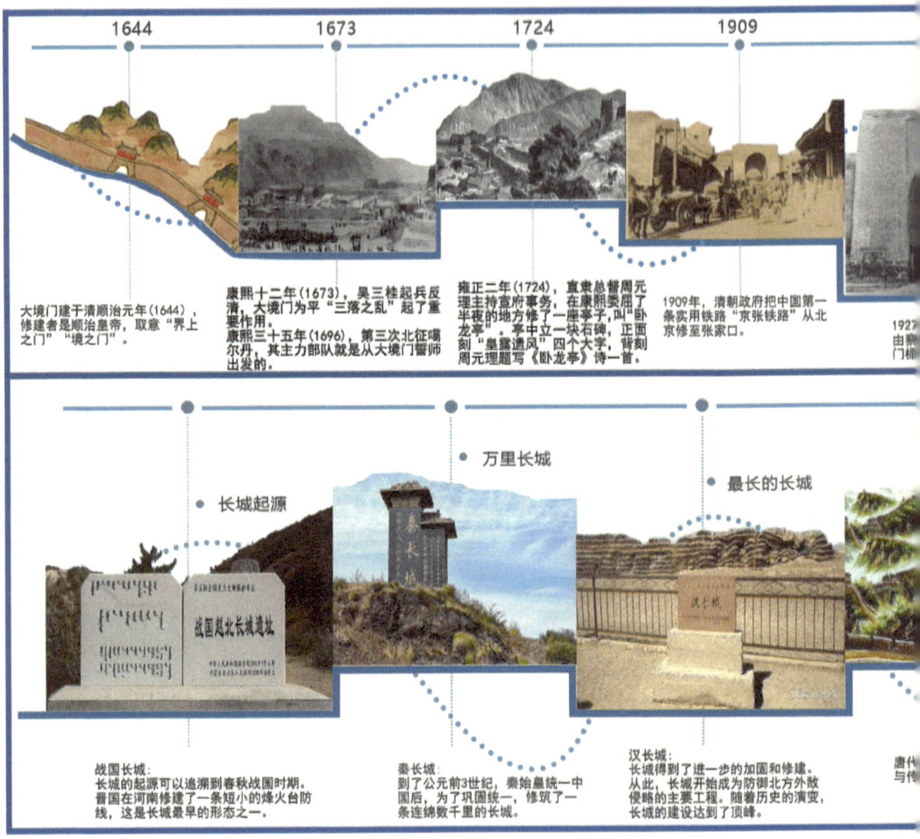


图 6-3　长城与大境门段历史演变（作者绘）

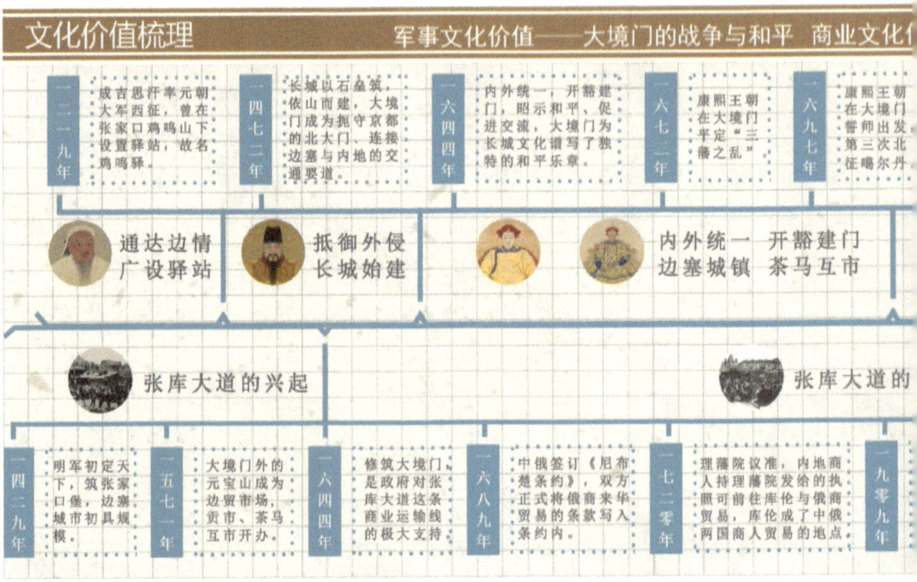


图 6-4　长城国家文化公园大境门文化优势价值（作者绘）

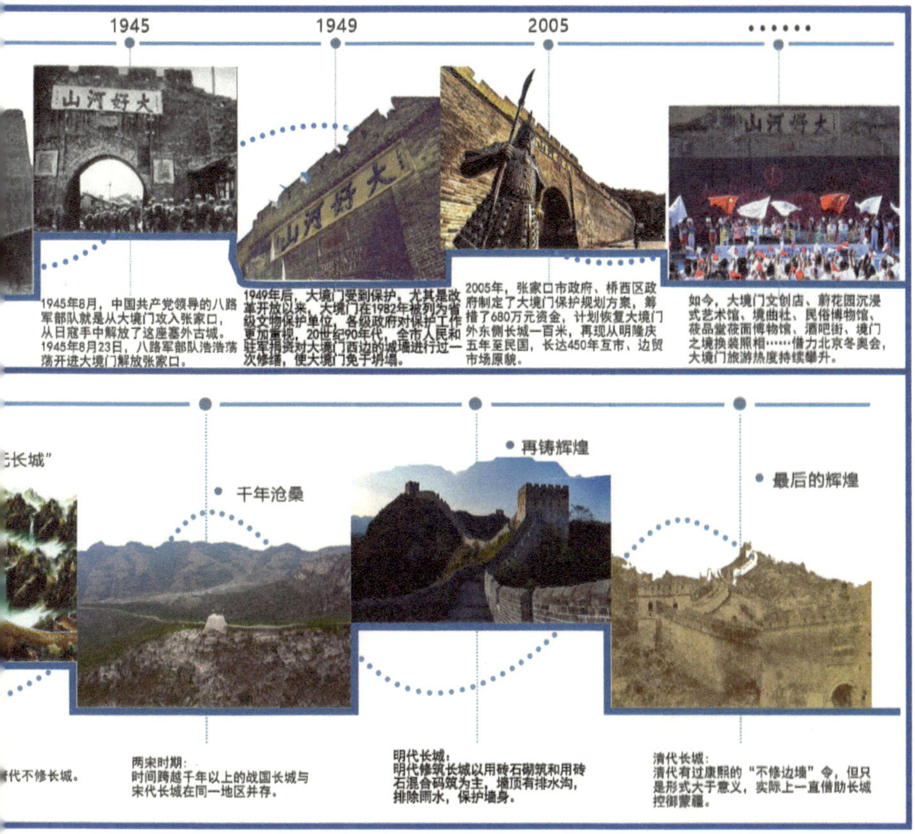
1945
1949
2005
……
山河好大
1945年8月，中国共产党领导的八路军部队就是从大境门攻入张家口，从日寇手中解放了这座塞外古城。1945年8月23日，八路军部队浩浩荡荡开进大境门解放张家口。
1949年后，大境门受到保护，尤其是改革开放以来，大境门在1982年被列为省级文物保护单位，各级政府对保护工作更加重视，20世纪90年代，全市人民和驻军捐资对大境门西边的城墙进行过一次修缮，使大境门免于坍塌。
2005年，张家口市政府、桥西区政府制定了大境门保护规划方案，筹措了680万元资金，计划恢复大境门外东侧长城一百米，再现从明隆庆五年至民国，长达450年互市、边贸市场原貌。
如今，大境门文创店、蔚花园沉浸式艺术馆、境曲社、民俗博物馆、莜品堂莜面博物馆、酒吧街、境门之境换装照相……借力北京冬奥会，大境门旅游热度持续攀升。
长城”
千年沧桑
再铸辉煌
最后的辉煌
代不修长城。
两宋时期：
时间跨越千年以上的战国长城与宋代长城在同一地区并存。
明代长城：
明代修筑长城以用砖石砌筑和用砖石混合码筑为主，墙顶有排水沟，排除雨水，保护墙身。
清代长城：
清代有过康熙的“不修边墙”令，但只是形式大于意义，实际上一直借助长城控御蒙疆。

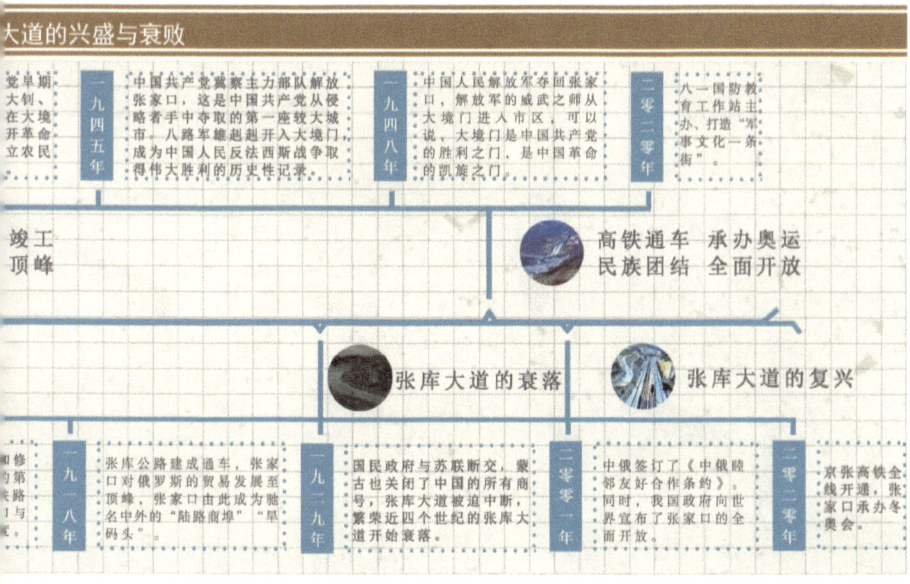
大道的兴盛与衰败
一九四五年
中国共产党冀察主力部队解放张家口，这是中国共产党从侵略者手中夺取的第一座较大城市。八路军雄赳赳开入大境门，成为中国人民反法西斯战争取得伟大胜利的历史性记录。
一九四八年
中国人民解放军夺回张家口，解放军的威武之师从大境门进入市区，可以说，大境门是中国共产党的胜利之门，是中国革命的凯旋之门。
二零二零年
八一国防教育工作站主办、打造“军事文化一条街”。
竣工
顶峰
高铁通车　承办奥运
民族团结　全面开放
张库大道的衰落
张库大道的复兴
一九一八年
张库公路建成通车，张家口对俄罗斯的贸易发展至顶峰，张家口由此成为驰名中外的“陆路商埠”“旱码头”。
一九二九年
国民政府与苏联断交，蒙古也关闭了中国的所有商号，张库大道被迫中断，繁荣近四个世纪的张库大道开始衰落。
二零零一年
中俄签订了《中俄睦邻友好合作条约》。同时，我国政府向世界宣布了张家口的全面开放。
二零二零年
京张高铁全线开通，张家口承办冬奥会。

# 第七章

长城国家文化公园
聚落景观的叙事性设计研究

# 第一节

# 长城国家文化公园聚落景观叙事系统

## 一、景观叙事体系

叙事实践主要包含“谁讲故事”（叙事者）、“什么故事”（文本）、“谁听故事”（接受者）三个基本核心环节。对应当前的长城国家文化公园聚落景观建设，亦即“设计者”（阐释 / 传播主体）、“设计作品”（阐释主体）、“受众”（观察 / 传播主体）。值得注意的是，当前受众对于长城文化的行为动机已从单纯的刺激吸引、娱乐追求转变为兼顾自然风景、历史传统与风土人情的文化体验。因此，在长城国家文化公园聚落景观建设过程中，并不能仅仅单一指向物质形态的营建，更需要正确审视和认知长城聚落的文化遗存，审慎对待、挖掘和共享长城文化传统。即使其物质依附形式已不存在，真正价值已被湮没，其文化也会在新的景观空间叙事中得以孕育再生。在确定长城国家文化公园文化主题基础上，基于空间在场性、主体能动性、时间流动性，通过语汇整合、语义生成、语法组织、语境织补等叙事语言构建聚落景观设计框架，并与叙事线索挖掘、叙事文本编排、叙事语法转换和叙事设计表达相契合。

传统聚落空间具有鲜明的时空二重性和典型的叙事特征，不仅是新旧迭代、沉淀演变、匹配兼容的历史集合，也是集体记忆、历史事件、文化活动的空间呈现。时间的空间化使得时间立体具象，从而弥补时间的抽象性；空间的时间化使得空间脉络清晰，从而提升空间的叙事性。同时，聚落空间因行为、活动、事件的介入而更具人文意味与情怀。正如马修•波提格（Matthew Potteiger）在《景观叙事：讲故事的设计实践》中所说，“我们生活在一个故事的世界，并且用故事来塑造这个世界”[①]。

叙述三要素包含叙述者、媒介和接受者，对应的景观叙事三要素指叙事者（设计者）、媒介（景观）、接受者（体验者），亦即“叙事主体—空间载体—叙事客体”。叙述者通过构建富有文化内涵的景观叙事语言体系传递给空间体验者（接受者）。接受者既是叙事内容的接收者，也是参与叙事过程的主体，在体验中激发出自身的情感寄托、记忆共鸣、场所认同和集体归属。而景观空间作为“类语言”的空间载体和媒介连接了场所与接受者的物态感知、信息交流，并以此达到信息传播的目的（图 7-1）。

① Potteiger M, Purinton J. Landscape narrative: Design practices for telling stories［M］. New York: Ohn Wiley & Sons Inc., 1998.

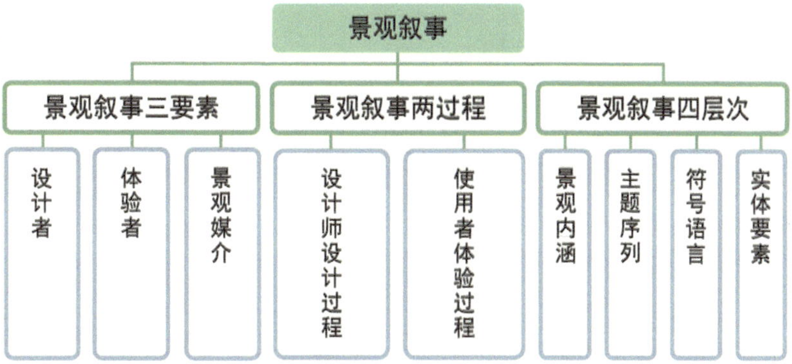


图 7-1　景观叙事框架示意图（作者绘）

景观叙事是双向开放的过程，一是设计者信息编码的表述过程，在整个过程中为接受者提供体验指引，通过内涵确立、主题引入、符号分解、空间承载的构建正过程来物化景观意向。二是体验者信息解码的解读过程，根据自身体验进行信息重组，通过物质解读、精神领悟、序列体验、自我诠释的场景解读逆过程来赋予场所意义。

景观叙事借鉴语言结构中的层级包含语汇、语义、语法和语境。语汇是指语言表达中的字、词、句以及标点符号等基础组成元素（图 7-2），指向物质形态和景观的基本要素，虽然分散，但可以直观感受，是感受景观内涵的起点。语义层主要指传达情感色彩的各种语句修辞手法和运用策略，指向通过理解图形和符号的意义来领悟景观表达的深层内涵。语法指文章的结构秩序，具有烘托主题内涵的作用，它与主题序列相对应，通过景观要素的编排来确立叙事秩序和故事情节。语境层次最高，主要是指体验者获得的情感体验，而景观内涵层注重从表层物态转化为场所精神，形成景观整体文化氛围。

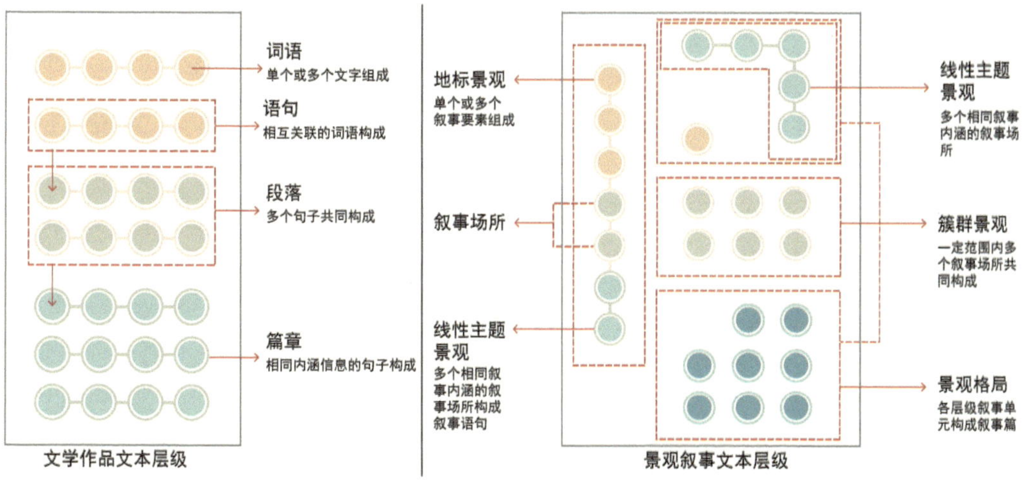


图 7-2　景观叙事文本层级图（作者绘）

## 二、主题框架阐释

“一座城镇的历史与文化除可通过文字的方式被记录下来，同样也会附着于城镇的空间、建筑与景观之中。一处空间、一组建筑在某种程度上就是一段历史、一个故事。”[①] 长城国家文化公园的聚落景观叙事涉及国家、省、市和县域不同尺度，按照空间的框架阐释来看，长城国家文化公园聚落建设突破了区划窠臼，推进了长城与沿线聚落资源的分层、分类、分级整合和重组。为了易于理解文化脉络与特色，应搭建以长城文化为主线的阐释框架，寻求自身在更大体系中的差异化主题与受众定位，使得文旅体验的受众主体形成聚落景观的联觉感知、集体记忆、群体交互和文化认同，表现为认知内容的扩充、情感向度的丰富以及行为选择的多元。就其发展定位来看，“传统是一种只有在发展的过程之中才能流传和保持的东西，发展不是原有规定性的重复和扩大，而是不断地产生新的规定性”[②]。内在要求是既要明确当前存在的形态，又要综合考虑传承更新、活态流变、价值创新。纵观明长城聚落的生发过程，军防体系的构建一直是聚落经营的主题和重心，并表现为城池范围内局部地段的置换与重复更新，清代的职能转移导致聚落发生根本性的改变甚至解脱了空间的束缚。当前，由于聚落本身配套基础设施及生活环境建设严重滞后，必然导致聚落中心的迁移、历史遗存的弃置、原住生活的衰落。因此，需要赋予新功能并保持活力与促进繁荣成为新的历史条件下长城聚落的有机组成，整体形成空间连续性、文化关联性、地域主题差异性的完整空间框架和叙事体系，以聚落遗存为载体打破传统平铺直叙的展现形式，利用聚落的外溢效应衔接新文旅来充分释放文物和文化资源的价值，实现优质资源联动开发利用（图 7-3）。

图 7-3　长城聚落叙事主题框架阐释（作者绘）

① 肖竞，曹珂．基于景观“叙事语法”与“层积机制”的历史城镇保护方法研究 [J]. 中国园林，2016,32(6):20–26.
② 常思敏．传统与现实生活 [J]. 哲学研究，1995(2): 3–9.

# 第二节

# 长城国家文化公园聚落景观叙事设计原则

## 一、整体性——城市与乡村共栖

长城聚落景观承载并串联着城市与乡村空间的自然资源、文化遗产、发展记忆和生活方式，是地方经济文化协同发展的空间载体和文化纽带。长城国家文化公园的管控保护区、主题展示区、文旅融合区及保护利用区内全部涉及长城聚落，既是传承活态文化基因的载体，又是体验地方生活方式的场所。因此，强调“整体性”主要是针对过去相关遗产保护的碎片化现象提出的。与文物保护单位相比，长城国家文化公园具有辐射范围广域性、文化要素复杂性和价值功能多样性的特点，其建设需要考虑到国家性与在地化层面，“在国家宏大叙事与地方特色表述方面注重文化的整体性与层级性统一。既要强调不同类型的文化遗产整合后所呈现的主题性，不同区域的地域文化融通后所体现的整体性，也需关注复合的层级性重构问题”①。从整体性特征来看，要涵盖长城聚落景观对象、结构、时间和空间所有必要的元素，以表现其多样性的普遍价值。其中，对象涵盖文化遗产与自然遗产两个维度、有形遗产与无形遗产两个方面。结构是指保护遗产本体和物质结构的完整，遗产空间、要素及所在环境的协调连通，维护当代城乡发展与历史环境复兴的平衡和连接度。时间则强调将统一的历史基因、民族精神的文化遗产相关联，强调过去与现在关联的连续性，对历史文脉进行整体性保护。空间不仅仅是保护遗产本体，遗产所赖以生存的历史文脉、民俗氛围、文化情景等同样不可忽视，要有足够的空间场所来完整地进行展示表达。此间，功能与利用的相容性、视觉与展示的连续性、结构与要素的可整合性分别赋予遗产以功用价值、空间逻辑与美学意义，从而保证遗产价值的完整性来增进公众理解，实现长城与旅居者之间的情感连接，维系“共融”与“共荣”关系，实现知名度与认可度的提升。

## 二、融合性——文化与旅游共融

文化产业与旅游业具有天然的耦合性和共同的现实需求基础，文化是旅游的灵魂，旅游是文化的载体。长城国家文化公园整体性保护是融合性发展的基础，整体性保护才能延续文化遗产的生命力；融合性发展是整体性保护的目的，融合性发展才能提高文化遗产的活力。

---

① 杨传张．国家文化公园建设需厚植乡村文化底色 [J]. 探索与争鸣 ,2022(6): 18–20.

融合性发展需要国家文化公园建设与自然环境、文化资源、社会生活、经济生产相协调。一是倡导基于自然的解决方案，遵循地域自然与生态规律，坚持人与自然和谐共生，强调自然真实性、生态完整性和生物多样性。二是基于文化的解决方案，使原来单独的文物保护单位制度转向现在的国家文化公园制度，国家文化遗产的外延从历史古迹转变到文化多样性。三是基于产业的解决方案，充分利用历史文化、自然生态和现代文旅优质资源，与当地文化产业形成联动，更好地发挥文物和文化资源的外溢辐射效应。四是基于生活的解决方案，长城国家文化公园与居民聚集地联系密切，应破解遗产地“孤岛化”问题，使长城国家文化公园惠及民众，促进文化遗产在生活中存续、发展。总体而言，未来发展需要集合长城区域资源开发、创意设计、符号再现、线路体验、品牌创新等文化要素，发展文化创意、旅游休闲、农业观光、休闲康养等多种业态，并使它们相融合，从展示到叙事、从浏览到体验、从追忆到想象，促进文旅的深度发展、互动。除物态外，生活方式则在特定空间景观和历史或现实情境中，借助各种时间的叙述与表达，构建长城文化空间、情感空间、意义空间的“场域”集合并形成再造地方的能力（图 7-4）。

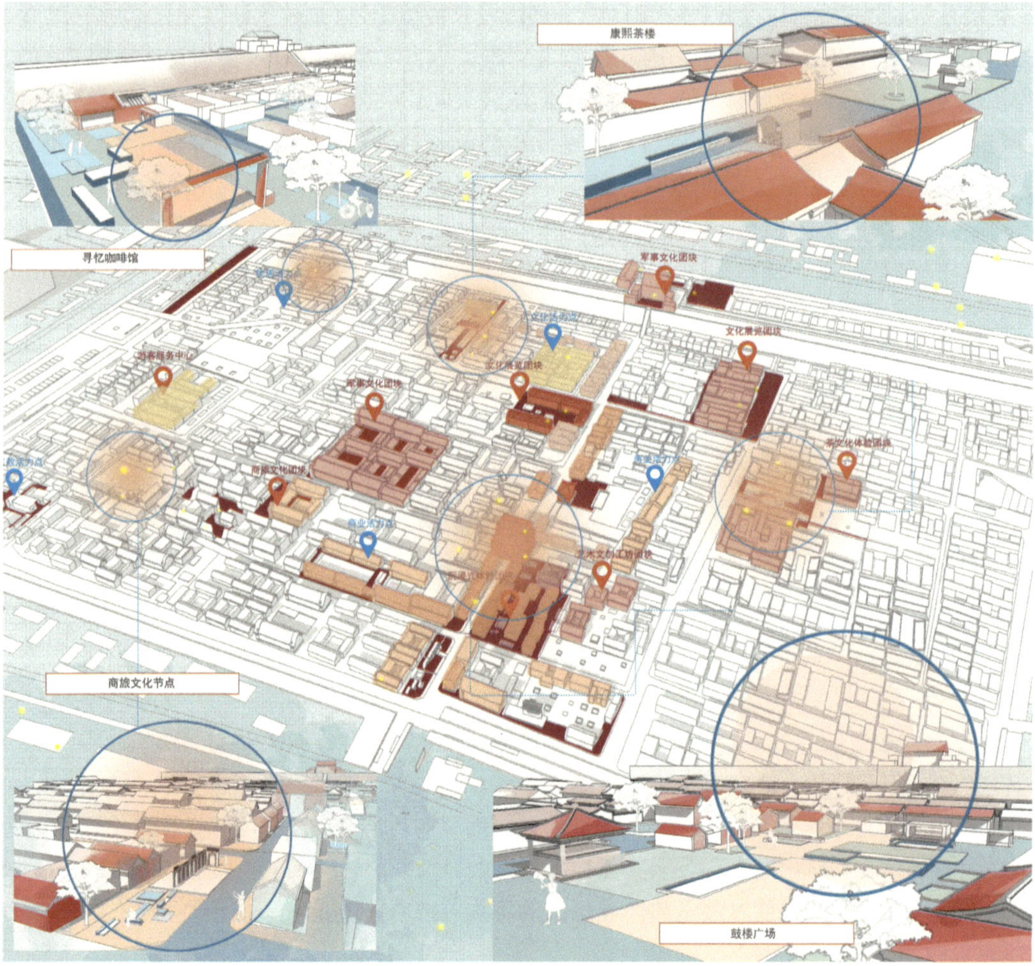


图 7-4　文化与旅游共融（作者绘）

## 三、耦合性——整体与局部共存

从系统论的视域论之，长城国家文化公园聚落作为一个整体是系统各要素的耦合体。所谓的线状结构属性根本无法准确描述国家文化公园的复杂属性。从宏观上看，多条路线及相关遗址、遗迹组成的是带状结构；从微观角度看，在局部地区也有圈、区、场状结构以及散点结构的存在。从公园属性角度看，其更具有空间开放性与延展性；从文旅融合角度看，游客对线性遗产的游览往往并不是线形的，游客对与文化遗产有关联性的景观与环境系统也常有兴致。国家文化公园系统具有明显的耦合性。首先是内系统。这是由文化遗产本体要素组成的系统，其要素总体上可以划分为物质要素、精神要素、事件要素三类，共同形成一个有机要素耦合的整体结构系统。其次是外系统，是内系统即文化遗产的环境系统。国家文化公园园区内除文化遗产本体要素以外的其他要素均可看作外系统的要素，包括自然生态、聚落、各类建筑遗址以及各类非物质文化遗产。外系统的各类要素同样具有耦合性，只是这种耦合性被限定在国家文化公园一定的廊道、点段、区域等文化空间内。值得注意的是，作为国家文化公园大系统，内系统各要素与外系统各要素的关系也是耦合关系。因此，长城国家文化公园的建设要统筹考虑长城沿线聚落的广泛性、遗产类型的多样性和文化资源的差异性，其综合价值在空间、时间中由不同意义的多个节点共同构成，应根据地域、功能区不同而有所区别，应围绕长城不同区段的功能定位，构筑重点突出、空间串联、功能互补、特色各异的长城聚落景观保护利用形态（图 7-5）。长城聚落景观以主体功能区为抓手，界定保护、传承、利用的空间关系；以资源富集评价为手段，界定空间布局；以彰显文化价值为统领，划定空间游线；以标志性项目为核心，把局部的、片段的、分散的文化价值明确为整体价值。

## 四、功能性——生态与人文共生

国家文化公园系统不是孤立存在的，其要不断地与外部环境发生关系，自然生态和文化生态是其孕育的土壤。任何聚落都不是一座“孤岛”，生态多样性是文化多样性的基底，而文化多样性又是保护生态多样性的原动力，自然景观与文化特质二者协同进化，从而增强景点之间的深度集聚效应。系统与环境表现为输入与输出的功能关系，具体包括物质流、能量流和信息流的功能交换。一是文化具有建构自然的物质功能，水系、山体、土壤等作为长城文化遗产不可忽视的内在要素，在国家文化公园建设中将以反哺的方式建构整体生态资源系统。二是国家文化公园系统与其环境的关系就是一种能量传递和转化的过程，系统环境通过赋能输出使国家文化公园获得建设动能，实现国家文化形象塑造、文化遗产和生态保护、文旅交融、公众游憩等多种功能价值。三是信息流，是国家文化公园系统与系统环境之间的信息流动过程。一类是对物的自然属性认知而产生的信息流，如对山石、水土、林木等自然属性的认知而产生的知识体系。另一类是文化信息流，文化信息通过国家文化公园系统的过滤，转化为国家文化公园的要素。共生机制旨在处理国家文化公园系统内部

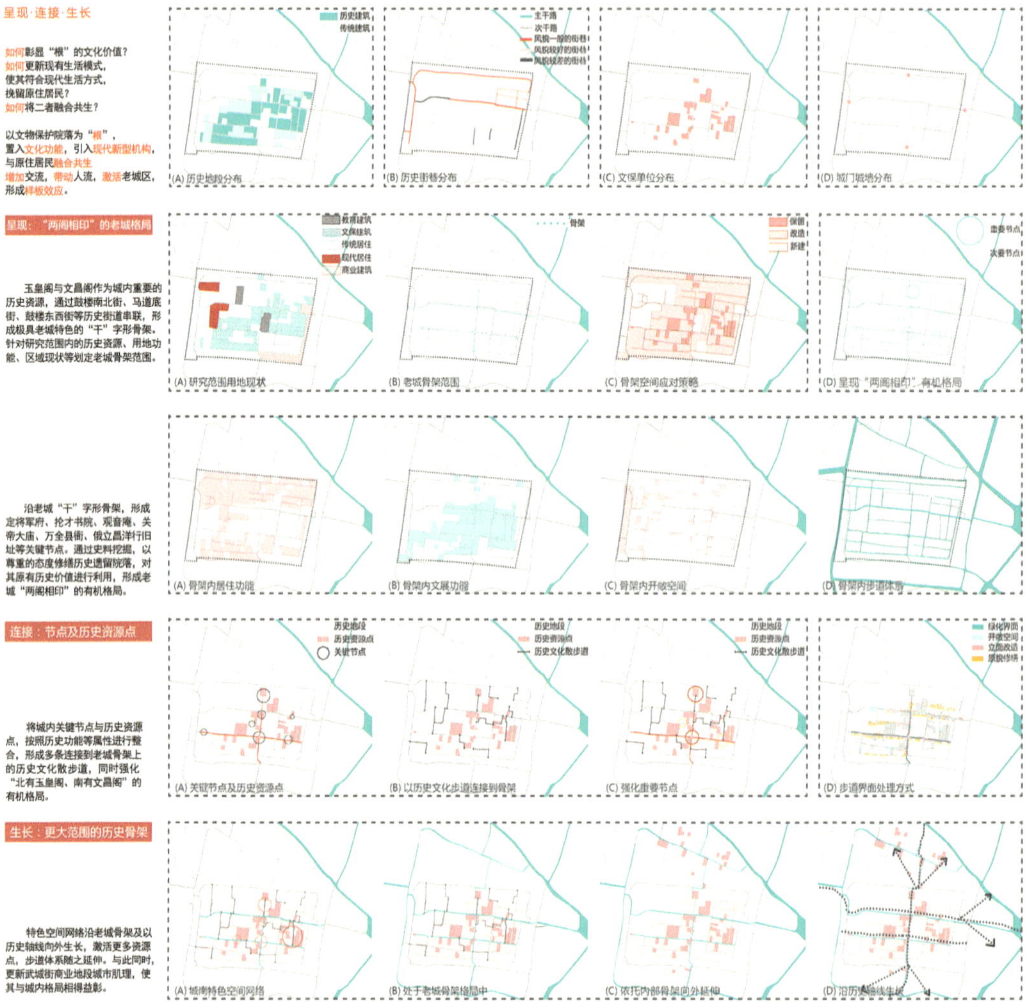


图 7-5 整体与局部共存（作者绘）

要素之间的动态平衡关系与相互影响的动力问题。文化遗产保护不能只看文化遗产本身，既要有利于生态保护，也要有利于旅游开发，有利于居民生活水平的提高。协同机制可使系统形成具有一定功能的自组织结构，在宏观上产生时间、空间或“时—空”结构上的新有序状态。共享机制正是长城聚落主体性凸显的方式，向聚落社区赋权，强调多元关联主体对资源、空间、符号意义、产品以及惠益等的共用、共治、共享。古代长城的主要任务是保护农耕生产和生活方式，在国家文化公园聚落建设中需要保护农业文化遗产，包括农业景观、遗址、工具、习俗及特色物产等，注入并突出农耕文明底色，强调对民众作为活态农业文化的创造者、守护者和传承者身份的尊重和进行利益分享（图 7-6）。

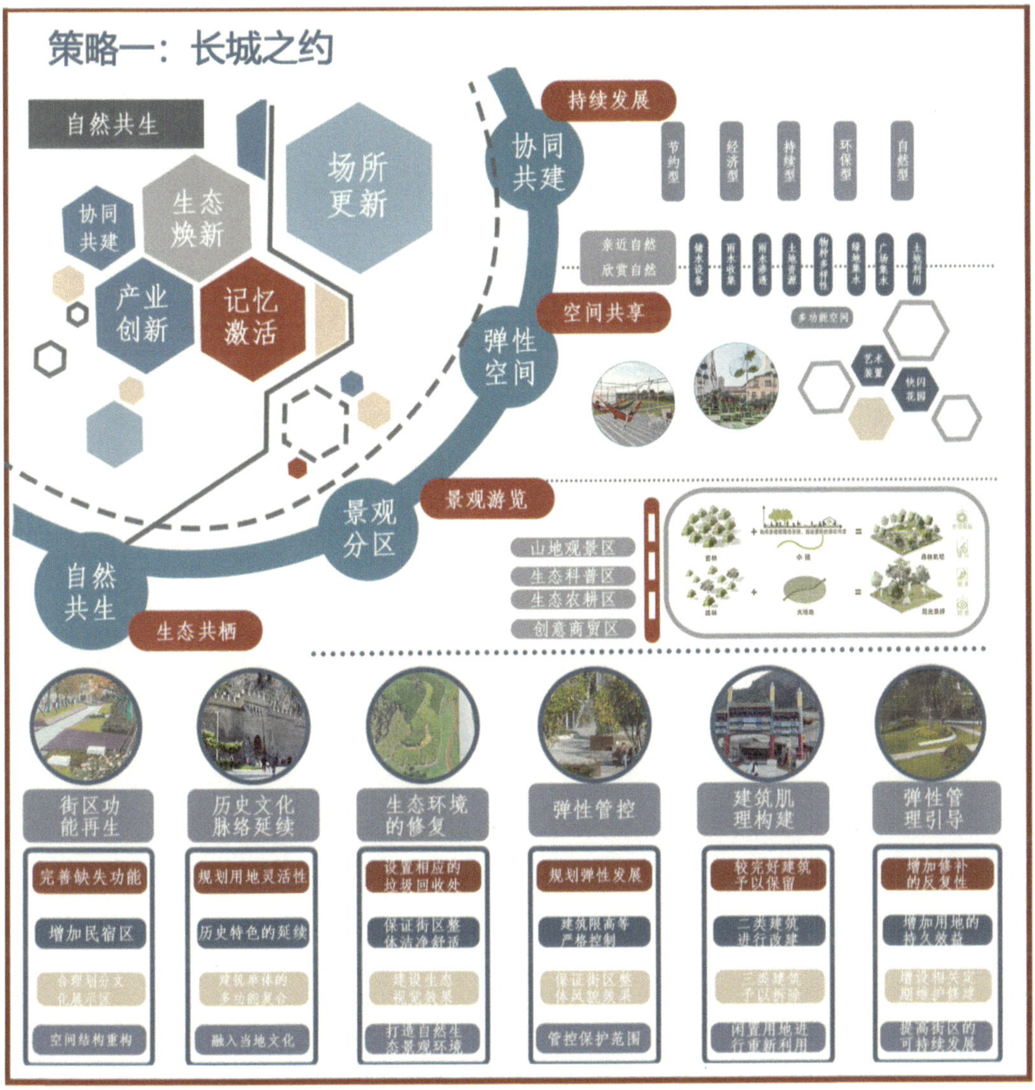


图 7-6　生态与人文共生（作者绘）

## 五、旅居性——社区与游客共享

长城国家文化公园共建共享的过程中，需要面向旅游者和原住民提供平等的参观、体验的机会，通过多层次的阐释体系和教育内容构建起景点和社区共同发展的纽带，最终提升全民的获得感、自豪感和认同感、归属感。相对而言，长城遗产的环境资源、伴生资源与原住民的日常生活更为直接，在地原住民与当地的聚落文化遗产有真实、直接的联系和感情，长城聚落与沿线居民的生产、生活和文化活动的共生融合，应重点关注实施文化遗产保护利用对社区生活品质的提升，只不过，当前，“渗透着多元主体博弈关系的文化记忆实践的空间生产行为，与长城聚落理想空间表征存在偏差。一方面，借助外部力量快速推进的空间生产活动极容易导致文化空间生产的表面化、文化空间行为的商业化和文化空间情感的缺失，从而诱发长城文化的断层和异化危机。另一方面在于空间需求的差异化和群体分化，文化空间生产难以维持文化记忆的象征性和功用性的协调平衡导致完整性难以保证”[①]。针对外来旅游者，将长城文化精神赋能于聚落景观展示体系，通过沉浸式的体验感悟，理解认同长城蕴含的文化价值，为体验长城文化、阅读长城故事、感受长城魅力提供更多选项。长城国家文化公园建设应普惠于民，形成民间与国家记忆、个体与集体记忆的融通。让人民在长城的保护传承利用中尽可能共享发展成果，避免所谓的精英主义、曲高和寡，实现文化遗产的共享与活化。

① 王秀伟，白栎影．大运河国家文化公园建设的逻辑遵循与路径探索——文化记忆与空间生产的双重理论视角 [J]. 浙江社会科学，2021(10):72-80+157-158.

# 第三节

## 基于语汇整合的梳理——长城聚落景观空间的叙事线索挖掘

虽然，部分长城聚落已被纳入保护名录或定为文保单位，但聚落之间的历史联系已被割断，大量聚落因文物价值不足而未受重视，从而无法反映长城聚落历史面貌的景观整体性。因此，应依据长城聚落整体历史遗存的分布区域和年代的分布状态，集合长城聚落文本层级的景观语汇，对相应文化载体空间内部的要素构成和组合关系，以及相邻空间之间的序列关系进行整合，保证长城聚落空间影响力与文化旅游的景观辨识度。

### 一、语汇整合

按照《国际古迹保护与修复宪章》提出的保护“不仅包括单个建筑物，而且包括能从中找出一种独特的文明、一种有意义的发展或一个历史事件见证的城市或乡村环境”[①]的观点来理解，长城国家文化公园聚落景观叙事性设计指向的是文化范围层面的组织与结构的真实完整和文化意义层面的价值与内容的相对完整。真实完整的关键点指自身具有重要历史价值性或可凸显的遗产特征，支撑点是指在系统结构中处于重要位置之外的资源点，通过二者的整合重构才能促进对长城聚落遗产地位与价值的认识；相对完整则注重以驿道、水系、边墙等线路联系长城聚落景观遗产的聚集度，把历史空间元素与重大事件情节、当代城乡建设与长城国家文化公园的规划相衔接。

#### （一）语汇要素

语汇要素是构成长城聚落景观叙事特色的基点，是长城文化的物质载体和精神载体，认知、提炼、转译与映射景观文化信息，阐述景观与地域、文化之间的关联性是关键。按照结构构成又可分为富有特色的实体“点”，具有连接性和展示性的视廊、轴、带的景观“线”，囊括历史地段、空间格局、生产生活等区域的“面”。一是要素分类，长城聚落景观的要素分为显性的有形物质要素和隐性的无形非物质要素两类，物质要素除山、水、风景等自

① 国家文物局 . 国际古迹保护与修复宪章 [EB/OL].(2017-11-16)[2023-11-15]. http://www.ncha.gov.cn/art/2007/10/28/art_2303_42819.html.

然要素外，主要以人工建造的各类建筑物、构筑物为主，包括城池、街巷、园林、广场及建筑等，是聚落历史与文化的主要载体；非物质要素主要分为人文、事件要素，前者包括商业文化、宗教文化、民俗文化、诗词歌赋、名人名士及历史传说等，后者指不同历史时期长城聚落中发生的商业、建设、名人、文化、战争、历史及节庆等的重要事件。二是要素分析，按照街道、建（构）筑物等类型，分别对不同历史时期的聚落物质要素进行收录，按照建设、文化、历史、节庆、商业事件等类型，对不同历史时期的聚落非物质要素进行收录，然后，从要素数量和分布两个方面分别对其进行统计，所不同的是物质要素可以确定具体坐标，非物质要素并非会有特定的见证场所。三是要素整合，分别统计每一时期和整个时期长城聚落景观要素总量、物质和非物质要素总量及各自的占比，分析聚落景观空间的共时性和历时性特征，包括同一和不同时期的空间特征变换，也包括事件与聚落产生交集时，空间层面对历史事件的提示强化了聚落的历史文化底蕴（图 7-7）。

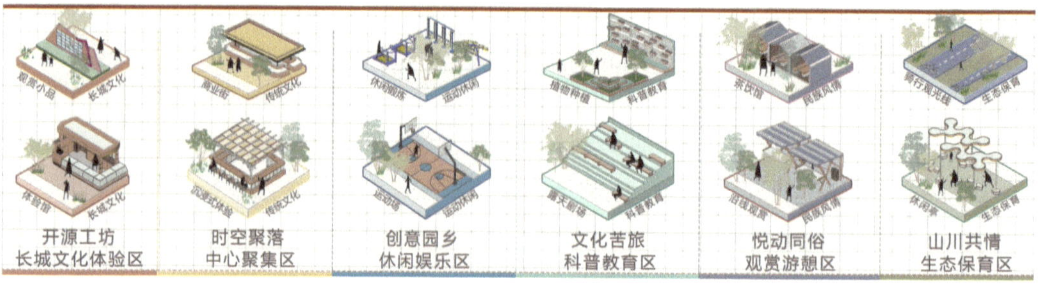


图 7-7　功能空间要素激活（作者绘）

## （二）语汇层级

长城聚落景观叙事可以按照“整体—区域—本体聚落”进行层次划分，不仅有利于强调聚落个体的价值，更有助于通过资源格局、解说体系、道路交通等要素来构建层级联动的过程和关系。一是整体尺度的资源格局，按照《长城国家文化公园建设保护规划》中带、段、区、点的空间结构划定长城聚落遗产的整体格局，依托长城本体、驿路、烽火线等规划长城聚落景观文化带，根据区域聚落层级、现存情况及价值评价结果确立核心、重点和一般保护片区，基于聚落本体空间格局完整度、环境风貌特色度、历史文脉延续度区分出一、二和三级聚落景观遗产点。二是区域尺度的交通廊道，为构建区域各聚落节点的主要交通联系和其与之相毗邻的区域主要交通联系，利用现有的公路、铁路等联通各遗产大区，依托长城走向、水系脉络及历史驿道线路串联各遗产区域，选取村庄内道路建立游步道通往各聚落遗产点。同时，注意各类交通系统的类型衔接，强调各段落和关键聚落节点的交通嵌入和补充线路，尤其是利用交通方式的旅游化来确保多样性的公众需求，道路景观的旅游化来支撑景观走廊带，道路设施旅游化来实现引导的无缝衔接（图 7-8）。三是本体尺度的解说系统，针对公众易将聚落景观历史价值通过“讲故事”的形式传播，解说主题应反映长城聚落遗产所承载的核心特征、历史信息、文化事件、内涵特质及综合价值，以

图 7-8　山地栈道示意图（作者绘）

历史线索和文化线路为脉络，分别构建核心主题的长城文化展示带、次级主题的长城文化展示片区和本体主题的长城文化展示点。因此，保护长城文化遗产，除了在宏观上保护其完整性之外，微观层面各构成要素之间的空间衔接关系以及联络线路也显得非常重要。

## （三）网络整合

语汇整合的出发点是将长城聚落景观看作有机的整体网络系统，将语汇要素、类型进行重新组合来提升景观的文化价值，促进长城国家文化公园协调发展进而实现整体优化。同时，妥善处理单体、局部和整体的协调关系及内在联系，发挥聚落资源不同价值、种类、层次的整体效应，实现区域优化和全面保护，并在同类或关联的资源整合过程中最大限度地保有资源的原生性和独特性。另外，不能仅限于固有的资源类型，而是要在城乡发展的动态过程中进行审视，虽然聚落资源大多可作为文旅资源存在，但其保护利用方式的选择要给将来留出文化延续的余地。长城聚落景观的语汇网络整合具体包括以下三个方面：一是主线串联的历史时间整合，即按历史发展进程对某一时期的资源类型进行组合或者是将某一类型资源按其历史发展的轨迹组合在一起，包括按历史演变顺序梳理特种类型聚落资源的演变历程和以某一时间为断面分析特定时期聚落资源类型的整合模式。二是地域分布的区域空间整合，通过点轴、点圈式对区域空间内各聚落资源进行优化重组，打破地域和行政区划的限制，使资源系统化、条理化，实现区域文化价值的综合提升。“点”是文化遗产价值较大的聚落，“轴”是联结各聚落的河流、设施以及交通路线等。点轴式即在空间中呈“串珠状”分布的聚落资源沿轴线延伸并向两侧辐射；点圈式是在重要复合型聚落资源的周围形成资源集聚区，构成由内而外逐渐衰减的核心辐射状的聚落资源空间形态。三是主题整合和共生整合，主题整合是将类似的聚落资源进行组合来提升综合文化价值，分散边缘的个体聚落或许并不具备很高的文化价值，但如果将若干聚落构成整体系列则会形成重要意义；共生整合将相互关联共生的各层次、各级别聚落资源类型进行组合协调，形成功能互补、提高总体品质的“共荣”和相互依存、增强文化价值的“共存”。

## 二、叙事线索

### （一）叙事线索基础

长城聚落景观遗产沿着长城本体或驿道或山川呈现线性分布的特征，成为长城文化主题构建的重要依托和基础条件。首先是绿地基础，自然山川要素决定了长城聚落的选址、营建及保存现状，以历史事实的状态反映文物遗产的特征。其次是遗产基础，注重长城聚落遗产在文化价值、历史信息、重要程度、空间分布、保护利用的等级差异，上下层级之间的纵向联系和同一层级之间的横向联系，更好地传递、展示具有真实性的景观信息和内容。最后是交通基础，优选与长城聚落遗产分布最为密切的交通网络。作为长城文化记忆的历史性路线，古代驿道至今仍以新的形式在延续着交通功能价值，公路、铁路可沿用驿道路径或紧邻道旁布置，将其和聚落资源映射在国家文化公园空间之中，作为聚落结点之间的连接性道路，基于长城聚落遗产保存、周边环境、基础设施等内容寻找遗产点之间的线性联系；作为接近体验聚落遗产的观赏性步道，则逐步深化人在线路中对周边聚落遗产的认知过程。

### （二）叙事线索范围

线索范围的框定直接决定着对长城聚落遗产的保护是否全面，范围过小不能包含整体长城聚落文化资源来表现公园主题，范围过宽则导致资源分散而难以协调、链接。因此，应综合考虑长城聚落资源分布的疏密度以及外向影响力以划定叙事线索范围。分布疏密度指的是依据现存长城聚落景观遗产点核的相对位置、分布关系、数量以及与长城、山体、驿路、水系之间的距离进行空间的关联性分析，而分布密集度明显下降的拐点则是长城聚落景观叙事的大致范围。当然，由于不同遗产点核对外的文化影响力和联系难易度不同，部分长城聚落遗产点核需要根据区域内的文化元素找到遗产点的中心点，并以此为圆心，以不同的半径作缓冲区，找出拐点进而确定叙事线索单元的最小半径，再以此作为缓冲距离对所有元素点做出缓冲范围，最后根据地形、交通以及相关性得到影响域。必要时可增加次要廊道，以实现长城聚落景观保护效率和价值的最大化。

### （三）叙事线路串联

从宏观层面来看，长城聚落作为中国古代社会通过构建等级性的建制聚落和连接性的交通路网，是将治权实施到长城边疆的写照，是由历史上某种内在的历时性关系而被串联在一起的文化空间集合体。根据空间形态划分为点状、线状（或线性）、面状，但个别文化遗产点或单位往往难以全面展现某一文化主题，需要通过合理的景观游走路径规划实现分散遗产节点的有效串联，形成景观的整体性。应以国、省道为骨干，以县、乡、农村公路为基础，以旅游风景道为支撑进行深度联结，完善长城聚落路网体系。线路串联方式可以划分为两类：一是线性文化遗产聚落，“依托人工营造的线状遗迹或历史上的习惯交通线路串联起来的线状和点状遗产集合体。这些被串联或排列的遗产群体具有共同的产生背景、关联要素和象征意义，因而可以表达共同的文化主题”①。二是系列文化遗产聚落，串联相同类型或相近功能的点状文化遗产构成单位，将其共同的文化性质串联起来可以表达价值主题所需的历史性和纪念性。

从中观层面来看，基于长城国家文化公园聚落景观叙事主题，通过聚落文化线索挖掘，将重要空间节点和文化资源通过线性空间进行串联并加以表达，促进整体性和系统化的聚落文脉网络和文化线路的生成。线性空间主要包括自然线性要素（如河道）、人工线性要素（街巷）、独特线性要素（城垣）等。形塑聚落历史文化线路，并非仅指向观光游览，也要通过现有文化核心、区域与周边公共空间的整合，完善文化资源网络系统来促进聚落有机生长和文化风貌提升。连接传统主干街道使得聚落景观、历史遗迹、公共空间等节点形成整体结构；串联历史街巷线路并与周围公共绿地、设施空间相结合，可以丰富历史展示、文化教育、宗教活动、休闲娱乐等功能；拓展分支线路，强化文化线路的辐射延伸作用和文化核心的覆盖扩展范围，进而激活碎片化区域的潜在价值（图 7-9）。

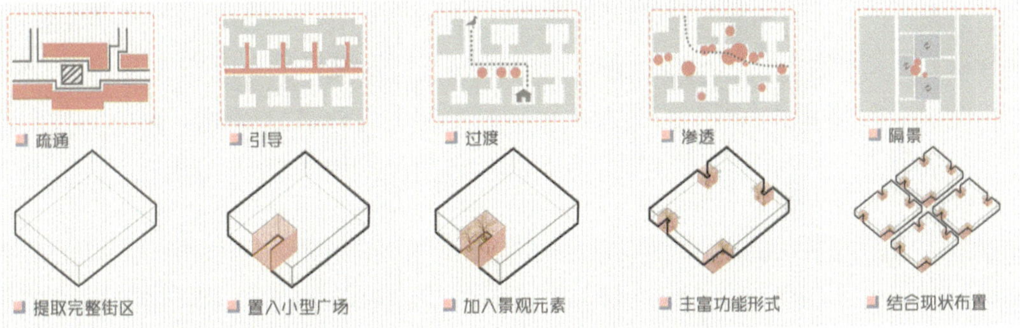


图 7-9　空间序列串联框架（作者绘）

从具体层面来看，长城聚落主街作为聚落轴线承载着聚落记忆，通过街道界面分层处理、建筑立面表皮外置、特色文化符号点缀等形成连续性的空间文化氛围；对沿线文化设施和节点进行整合，植入新公共空间丰富既有街区功用并进行空间过渡，强化线路的序列感和场所感。将街巷连接处的空地植入文化休闲、路边餐饮等新功能，将文保遗产周边区域开辟为文化广场，与建筑遗产遥相呼应的同时发挥社区作用，共同成为文化传承载体。通过残破的城垣夯土对原有城垣结构进行展示，景观铺地对原有城垣形制进行暗示，利用空间限定设置城垣形态进行意向标示。护城河作为聚落外围边界是遗址的重要组成部分和公共开放空间，重点加强其景观轴带空间组织，结合旅游路线进行引导，形成区段式的、

① 孙华 . 国家文化公园初论——概念、类型、特征与建设 [J]. 中国文化遗产 ,2021(5): 4–14.

连续的人文景观序列，从而恢复古代城池意向，并与绿化、小品、活动空间相结合烘托整体文化氛围。当前，不少聚落的城垣和护城河边界空间已反转为核心空间，因此需要增加多重界面和空间来增加二者过渡的趣味和适宜性。同时，河道加设连续性滨水空间、亲水平台提升空间吸引力，并与周边寺、庙、塔、楼等历史环境建立空间联系，将沿岸的文化资源节点进行有机衔接，形成历史文化廊道和休闲活动景观带。结合原有的设施对弃用铁路、工厂等进行空间改建和功能置换，植入文化生产、展示、创意、消费等功能，以空间序列对文化的孵化过程进行抽象化表达（图 7-10）。

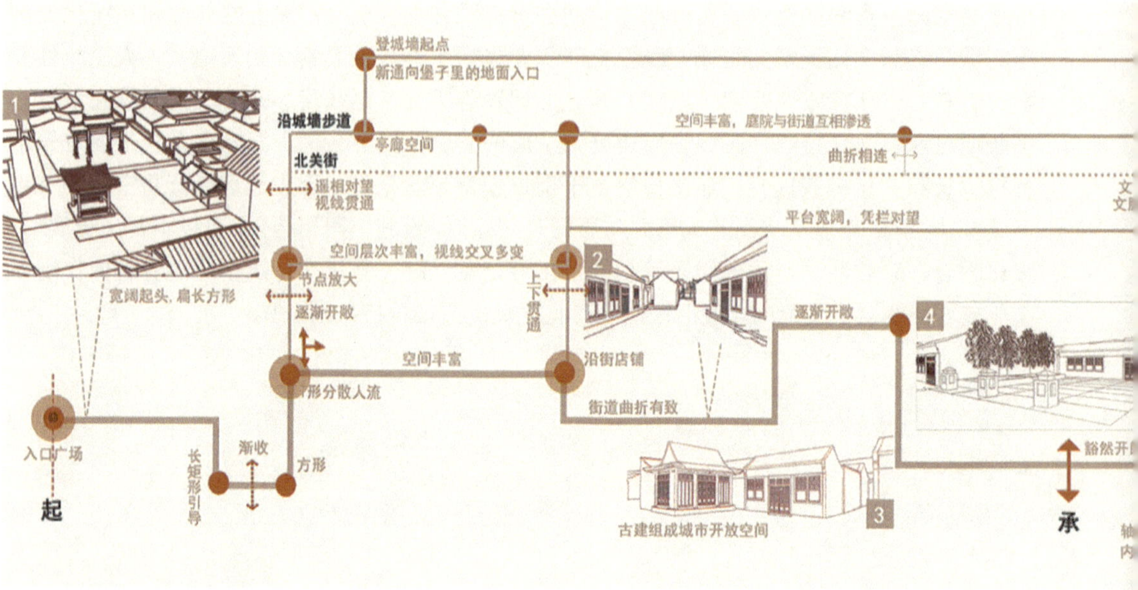


图 7-10　街巷叙事线路串联框架（作者绘）

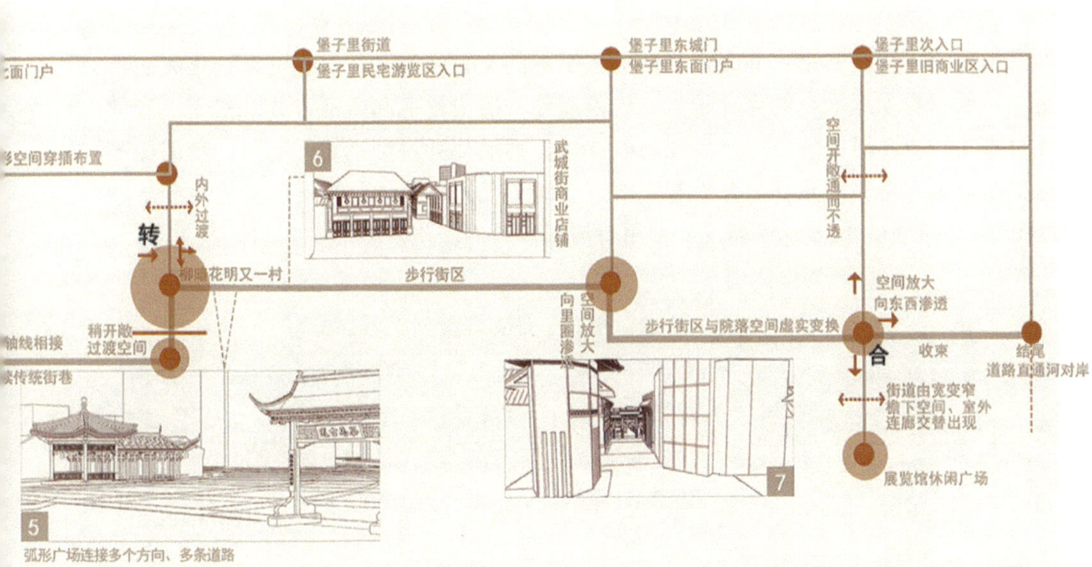
堡子里街道
堡子里民宅游览区入口
堡子里东城门
堡子里东面门户
堡子里次入口
堡子里旧商业区入口
面门户
空间穿插布置
内外过渡
转
柳暗花明又一村
6
武城街商业店铺
步行街区
空间开敞通而不透
空间放大
向里圈渗透
空间放大
向东西渗透
步行街区与院落空间虚实变换
合
收束
结尾
道路直通河对岸
稍开敞
过渡空间
轴线相接
传统街巷
街道由宽变窄
檐下空间、室外
连廊交替出现
展览馆休闲广场
7
5
弧形广场连接多个方向、多条道路

# 第四节

## 满足语义生成的考量——长城聚落景观空间的叙事场景认知

长城聚落作为历史文化遗产和现代生活场景组成的文化空间及符号表征系统集成的特定文化场域，承载着当地民众的生存智慧、价值理性、历史记忆和生活方式。然而，当前传统聚落的依托基质和历史场所早已呈现出碎片化、离散化并逐渐消亡。因此，亟需按照叙事主题和线索脉络将聚落景观划分为若干叙事空间单元，将场地的特质和文化内涵巧妙地融入现代设计语汇中，构建场所意义和使用者情感体验的转化桥梁（图 7-11）。

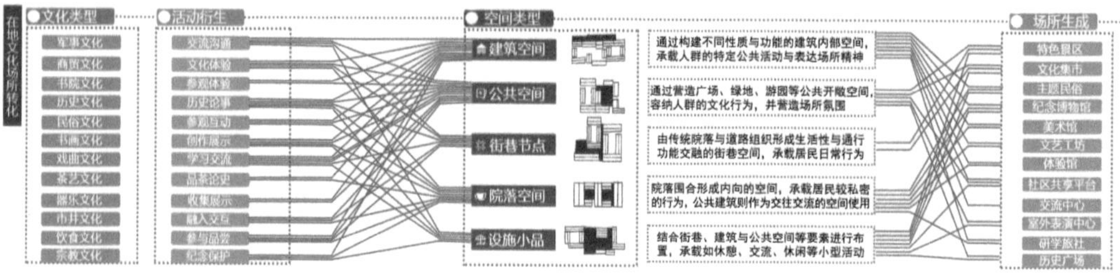


图 7-11　在地文化场所转化（作者绘）

### 一、语义生成逻辑

简・雅各布斯认为，“城市是一个由普通居民平凡的甚至有些琐碎的日常生活所构成的舞台”[①]，需要保持城市的多样性以实现多元化的社会公正性目标，以聚落生活为基础提出空间的认知性和可读性途径，将街道、步行道和公共广场等行为空间视为城市居民交往、生活的“容器”。通过建构“模式语言”可以“维系空间形式与社会因素的关系，用以填补设计者和社区居民对环境空间问题认知的差距”[②]，通过图层、叠图及拼贴的设计手法来重视空间形式背后的意义以及地域、场所及文脉性，从而呈现对聚落文化的共生性“集体记忆”。按照长城聚落的内部功能可将其划分为场、街、院三个层面，街道和院落组成主

① 雅各布斯．美国大城市的死与生 [M]. 金衡山，译．南京：译林出版社，2006.
② 刘立早．蓟县古城城市设计对策研究 [D]. 北京：清华大学，2012.

要体现在聚落的骨架和基本构成单元，其演进过程具有较强的稳定性，而“场”既是城市道路中的局部放大节点，又是生活流线中的停留节点，具有公共活动、交通、纪念、商业等多重属性。将不同时期的聚落物质与非物质要素叠加之后，可以生成聚落景观文化的区域集群和街道轴线，对其具体位置要素分布的聚积程度进行空间结构分析，可以从要素点的分布方式、分布特点总结其生成规律。“当同一时期的某区域要素分布点聚积程度越高，意为该区域在这一时期内发生的故事越多，在当时聚落建设中扮演的角色也愈加重要；不同时期的同一区域都有要素聚积且聚积程度越高，意为该区域在聚落历史空间的构成体系中愈加重要。”① 当特定点核、轴线、区域的各个时期分布的聚落景观要素远超于其他时，也就是见证聚落景观发展变迁的最重要所在，与聚落整体发展关联最密切（图 7-12）。

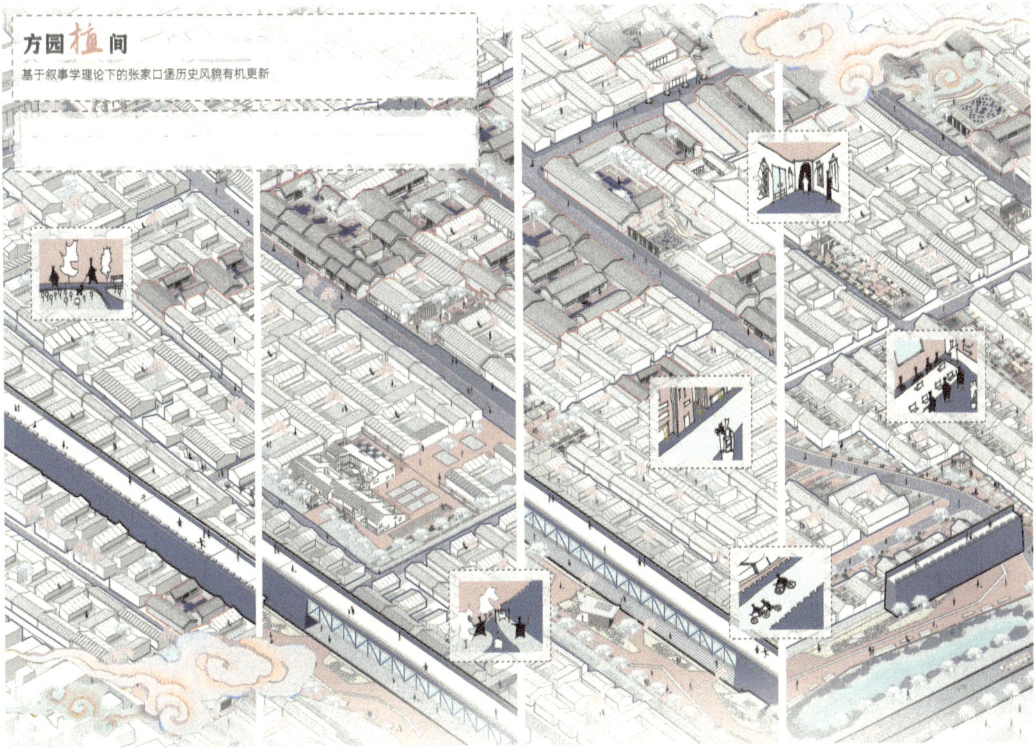


图 7-12　叙事文化场景（作者绘）

## 二、叙事文化场景

“文化空间”在《国务院办公厅关于加强我国非物质文化遗产保护工作的意见》中的解释为：“定期举行传统文化活动或集中展现传统文化表现形式的场所，兼具时间性和空

① 赵益捷. 呼和浩特城市历史空间发展研究 [D]. 包头：内蒙古科技大学，2021.

间性。"[①] 荷兰建筑师阿尔多·凡·艾克对"场"的描述："无论空间和时间意味着什么，场所和场合的含义更多。因为空间在人的概念中就是场所，而时间在人的概念中就是场合。"长城聚落空间作为时间积淀形成的集体记忆载体，表达出特有的场所文化意义，目标就是能够保护长城聚落空间历史的真实性和风貌的完整性，维护其生活的延续性，尽力恢复其原有历史特色、总体结构功能和本来的"生活样式"。

当前，要尊重非遗形式和内涵，保护传承环境和空间，为非遗提供更多的实践和应用场景以激发其生机和活力[②]。叙事场景由人的社会行为及社会活动对物质空间的需求组成，可从点（场所）、线（通道）和面（社区与区域）三方面考量。首先，根据聚落与场所规模，通过联通聚落中零散分布的建筑及周边景观，由星点式或斑块式转为镶嵌式景观来增加其使用频率和使用范围，可以补充聚落活动场所或组成文化廊道。其次，"综合聚落的文化事件或历史事件以及民俗生活因子，以象征性设计手法营造社区空间景观，并寓意文化环境的主题来设计多样的场景故事，增加人们的集体场景记忆和历史文化接受"[③]，形成能讲故事的场所空间。长城聚落作为真实的聚居空间，其价值也许并不在于它的"古老"，而是向我们展现了该地区的日常生活模式、交往事件及所蕴含的历史记忆和集体归属感。非遗代表着特定地域的时代写照、精神寄托和文化内涵，也是当代社会发展的重要文化资源和旅游名片，无论历史文化城镇、传统村落或历史街区，皆是非遗生存的沃土和传承发展的重要载体，聚落环境也因非遗的存在而更加具有鲜活的生命力。非遗的表现形式不同其所需的展现、制作、活动空间也各不相同，如与口头语言对应的安静空间，与表演艺术对应的场地、舞台，与节庆庙会对应的街道、广场，与传统手艺对应的作坊、店铺，与祭祀祈神对应的庙宇、宫观。除了利用原有建筑进行情景再现的静态展示外，还可以舞台再现的方式展示传统戏曲、音乐、服装、舞蹈等；以节日庆典的方式展示庙会和祭祀文化，按照特定路线和节点为其提供行进空间，从而使得各种文化相互融合；以参与体验的方式展示作坊、店铺，根据店铺空间的分布和功能，进行宏观布局与微观优化，为非遗提供参与体验的空间环境，加深对传统文化的理解和记忆。同时，在此基础上整合旅游资源，将分散的资源有机串联成完整的景点体系，开展社火、戏曲、音乐、表演等民俗活动，对地方文化的发展起到重要的促进作用。例如，庙会场所是聚落最具有代表性的文化场景空间，广植于传统古村落、历史街区、历史文化名城等环境中，而社会的主体——人创造了大量的人文环境景观（图 7-13）。

① 国务院办公厅 . 国务院办公厅关于加强我国非物质文化遗产保护工作的意见 [EB/OL].(2008-03-28)[2023-11-20]. https://www.gov.cn/zhengce/content/2008-03/28/content_5937.htm.

② 文化和旅游部 . 文化和旅游部关于推动非物质文化遗产与旅游深度融合发展的通知 [EB/OL].(2023-02-17)[2023-11-01]. https://www.gov.cn/zhengce/zhengceku/2023-02/22/content_5742727.htm.

③ 涂俊 . 庙会文化与空间形态研究 [D]. 西安 : 西安建筑科技大学 ,2017.

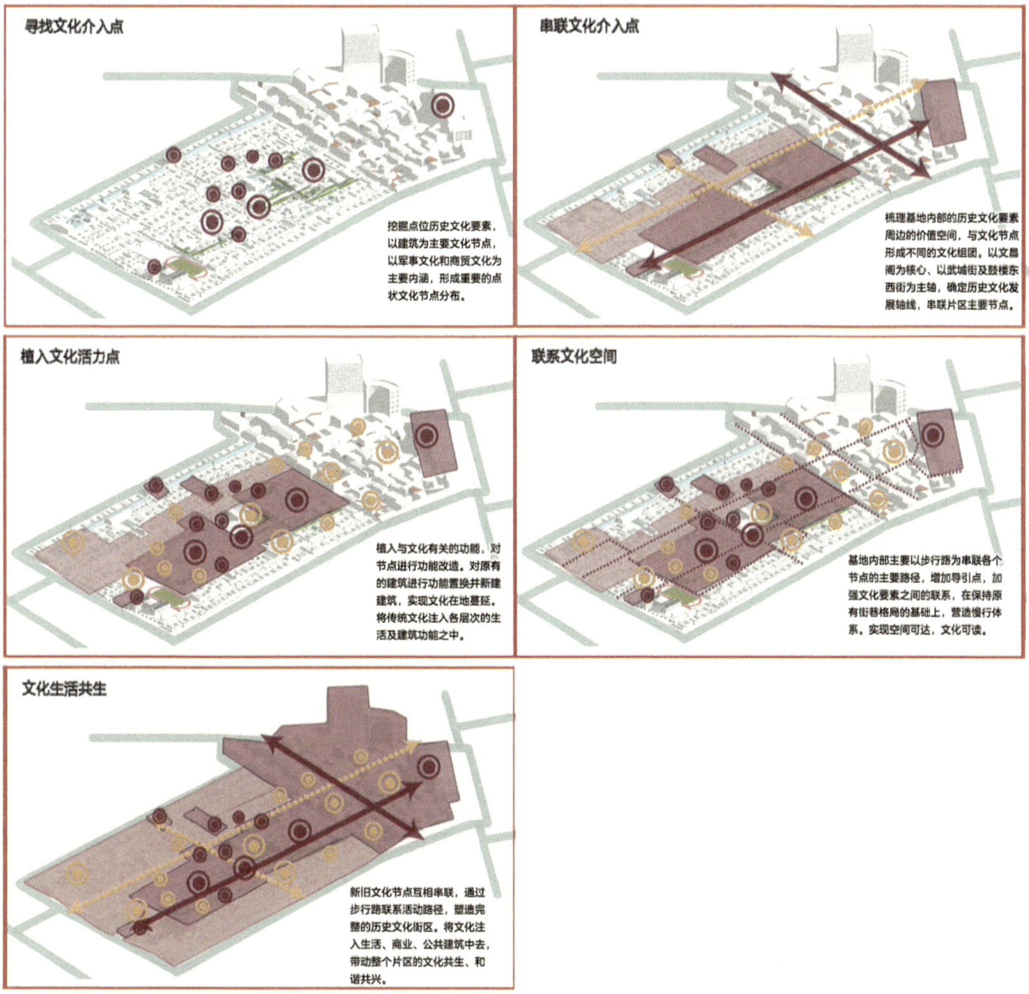


图 7-13　叙事语义生成（作者绘）

# 第五节

## 基于语法组织的描述——长城聚落景观空间的叙事情节编排

### 一、叙事语法组织

经过叙事要素的梳理和整合，景观叙事设计要将故事构想、情节发展与景观统筹组织起来，在规划设计中考虑场景间的动线指引与贯穿，优化路径组织、连接度与叙事逻辑，形成完整的叙事体验场所。吴良镛在《人居环境科学导论》中指出："每一个具体地段的规划与设计，都要在上一个层次即更大空间范围内，选择某些关键的因素，作为前提，予以认真考虑；每一个具体地段的规划与设计，要在同级即相邻的城镇之间、建筑群之间研究相互的关系。"① 因此，要明确单极长城聚落发展中的地位和作用，又要考虑同其他聚落和地区的沟通、联系。通过对原有聚落功能的疏解和重构，形成多个相对独立又有机联系的功能组团，在承担单项聚落职能的同时也与其他组团功能有所重叠，以保持多样性和活力。人的活动以及人对空间的使用才是组织空间的关键性因素，出发点源于人们对空间活动的实际需求和生活于其间的切身感受。"微观层面上要求宜人的空间尺度和对人生理、心理的尊重；中观层面上强调具有强烈归属感的社区设计和融洽的邻里环境；宏观层面上重在合理的交通组织、适度的城市规模和有机的城市更新。"② 景观设计并不是完全重构整个聚落，可以用"触媒"的方式来重新激发活力，首先建立"触媒"基核，如积聚人气的历史遗产、公共中心、交往空间、交通枢纽，然后以"针灸疗法"重塑匹配"穴位"的公共空间并转型为旅游、服务或文化中心，最后利用历史街巷将基核有机串连成系统空间网络，构建出"点、线、面"逐级递进的，从公共空间到历史街道再到传统社区的，整体意象强烈、城市结构清晰、历史文化丰富、生活品质优良的长城聚落复兴景观（图 7-14）。

---

① 吴良镛 . 人居环境科学导论 [M]. 北京：中国建筑工业出版社 ,2001.

② 林尚立 . 重构中国城市治理体系：现代城市发展与城市治理对话——复旦大学林尚立教授访谈 [J]. 南京社会科学 ,2013(6): 1–7.

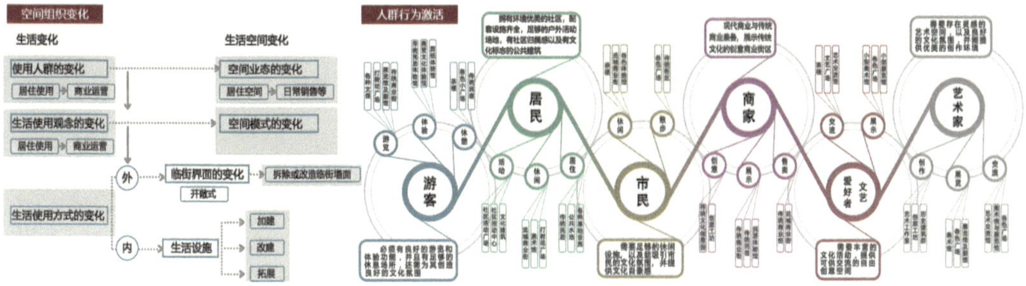


图 7-14　叙事空间组织（作者绘）

## 二、叙事编排类型

在利用叙事性手法进行长城聚落景观空间营造时，应依据场地条件和性质特点选用适合的叙事顺序，通过设计师对景观叙事故事的解读和选择，赋予纷乱的片段以位置、层次和意义，在无序中寻找有序，予人物、事物以特定形式的时间和空间安排。聚落景观叙事最终呈现的是“一个完整的故事，体验者在叙事空间中最终可以获得设计师想要传递的叙事信息，并有所共鸣和感悟”①。按照各类长城聚落遗存状态，叙事编排类型可分为四种：一是遗址型聚落。其或是明代军事防御型城堡，或是长城沿线的商业市镇，遗存有较为完整的聚落格局、空间结构和大量防御、商业、居住、祀佑类等建筑形态，如榆林镇城、大同镇城、高家堡、张家口堡、蓟州城、蔚州城等，在表征历史价值和人文价值的同时能够带动旅游产业产生经济价值（图 7-15）。一般以博物馆的形式保护其历史信息物质遗存和重大历史事件记录，应将规划之初影响城堡择向、定位、防御格局并在后期城堡建设中共同构建和谐人居环境的山水要素一并纳入保护范围，如聚落择向依据的山水视线通廊、聚落定位凭证的中心钟鼓楼阁、聚落人居追求的周遭形胜环境。二是遗迹型聚落。其基本处在衰亡的过程中，但遗存了大量可识别的历史信息，能够比较清晰地反映长城聚落的要素，但是，因交通不便、取水困难，并不具备良好的生活环境而被废弃。如柏林堡、波罗堡，充分反映出在人居与军事双重影响下艰难维持与最终消亡的过程，因此应将整体环境纳入城堡的保护范围，尝试沿用传统夯筑等做法及时修复，并在典型地段做原状保护并明示相关真实历史信息。此外，针对每一处聚落分别介绍其建设发展历程、在历史上的战略位置、屯兵规模、发生过的重大战役等信息。三是村落型聚落。平面形态难以辨识，墙垣破损严重，几乎没有历史遗存，如鱼河堡、靖边营。村落均在城堡原址上发展，仅以堡名命名村名来保存些许历史文脉。因此，以界碑划分原来城堡的位置，并用区位图显示其在长城聚落体系中的位置和作用。四是新兴型聚落。这类聚落既是历史上的军事重镇或商业中心，又是当今城镇建设的聚集区。一方面，老城区仍具有旅游、商贸、居住、祀佑等功能而保持活力；另一方面，聚落遗存逐渐被破坏或改变。因此，应适当调整新旧城区之间的职能与功能布局，采用新旧分离方式保护的同时带动周边遗址型聚落形成整体，有序发展。

① 林玲，赵顿，汤婷婷．乡村公共空间的叙事设计研究 [J]. 黑龙江粮食 ,2021(11): 123-125.

图 7-15　蔚州城空间叙事编排（作者绘）

## 三、叙事情节逻辑

叙事情节设计是构建具有集体记忆的精神场所并使景观成为体现文脉特征的重要途径。为能更为准确而全面地呈现、传达出叙事文本中与场地有关的文化信息脉络，基于文本叙事设计使景观结构、序列和景组的布置与空间组织逻辑相耦合，构建起公众对场地空间的独特感知与体验。从“序列组织—情节结构—叙事分镜”三个层面来解读和应用，提出景观叙事设计的语法组织框架。

### （一）优化叙事序列组织

在长城国家文化公园聚落整体叙事框架建构过程中，全域长城聚落资源紧密关联，涉及各资源点之间的时间序列关系、空间位置关系、发生的历史事件关系、游步道与各遗址点、资源点之间的空间结构和链路关系，应对分布于不同位置的长城聚落景观资源点进行总体整合和重点强化，建立规律、秩序的叙事序列，从而提升聚落整体的景观风貌和文化内涵。叙事序列的组织就是通过空间将不同类型、属性、分布、形态、时期的景观文化资源进行连接，使其形成空间层面的关联性，进而形成聚落文化资源廊道或集群。在设计过程中，应将聚落景观文化资源整理成文化结构图，厘清景观资源之间的分布和关系，以及与现代聚落空间之间的关系，从而指导文化资源整合和聚落空间结构调整和优化，如通过并置将历史环境与周边绿地、广场等公共空间进行关联形成历史片区，通过共生将涵盖文化活动的环境与文化设施整合为文化片区，通过植入将过渡空间插入建筑环境形成展示片区，通过连接将保护区边缘环境与核心区域进行融合形成休闲片区，从而将散乱的个体通过组织形成层级整合的新序列，个体之间互相激发和促进，从而使得整体文化资源网络系统得到强化，形成“融点成群、汇群成线”的沿线景观序列。如以明代“九边重镇”防御体系及军事格局作为公园空间布局底图，结合现有聚落遗存分布情况，上面叠加各遗产点、景区及其他文旅融合项目所在地，构建以军事防御体系为依据的整体叙事空间结构。“按照驿传路线设置游步道，在游览路线、游步道选址和景观视廊上遵照驿传路线和烽传路线设计；按照城堡层次体系设置景点来突出体现空间结构的阐释体系；按照烽传系统设置景点间的景观视廊，烽传系统按‘烽火品约’作为传递路线和传递暗号设计以尊重和展现历史原貌，按照关隘、市口位置设置长城内外穿越性游览线路。”①

### （二）贯通叙事情节结构

长城聚落整体空间结构具有连续性、稳定性特点，同时兼具不断调整的适应性，而长

① 刘庆柱，汤羽扬，张朝枝，等．笔谈：国家文化公园的概念定位、价值挖掘、传承展示及实现途径 [J]. 中国文化遗产，2021(5): 15–27.

城聚落个体本身作为储存并传承长城文明成果的一种特殊构造，既能用最小的内部空间容纳多样性的要素，又能扩大自身结构以顺应不断变化的社会需求，长城聚落景观文化资源、空间元素正是以此为依托进行组合、连接和生长。因此，需要根据长城聚落景观文化资源的序列组织结果对其叙事结构进行贯通。如在聚落内以主干大街为核心，结合次一级路网的保护，将各片区历史地段串联起来，恢复原有街区的风貌；对道路交叉口中心广场进行强化，注重原有空间秩序的恢复。对聚落轴线进行主导性和方向性的操作，串联轴线上不同时期的文化节点，形成文化的序列感和纵深感；对原有功能核心进行调整，进行次一级网络的架构，形成多核心发展的趋势，扩大原有网络的辐射范围，形成聚落的有机生长结构，并通过道路、街巷等外部空间和建筑组合关系，形成空间肌理的集体记忆修补，并为民众提供积极的公共活动空间和文化意义场所。

## （三）确立叙事分镜转译

长城聚落景观的主要空间节点和若干个次要空间节点能够体现完整的故事性与叙事性，需要通过不同空间节点情感的分布，以此激发聚落活力及对地方情感的追忆。关于长城聚落的理解不能陷入“本体物态”的狭隘误区，也应包括“沿着中国古代北方边塞分布的环境带”，聚落离不开其所依存的周边环境，否则就成了孤立的标本。长城聚落景观的叙事情节逻辑讲求的是在情节结构与序列组织之间进行关联整合的具象场景，注重以缓冲空间、过渡空间实现二者的有效转译，其主要涉及自然、建筑、交通三个层面。一是依托自然地形基础元素进行衔接，以护城河、河流、沟壑等塑造自然景观空间和绿色生态网络，开辟集交通服务、休憩交往甚至文化娱乐活动于一体的开放性场所，使其两侧的聚落区域能够共享其景观作用，并起到聚落区域空间之间的分镜转场作用。二是对于建筑密度较大、空间格局密闭的区域或街巷，应借用私属或闲置、破败的杂院，通过见缝插针的“针灸”方式找寻和挖掘潜在场地进行景观改造设计，增补公共性的存量空间，并设立反映聚落历史的景观设施来强化标识性。三是在边界设置植物屏障，起到围合限定空间和缓解交通干扰的作用，并利用天桥、地下等连接方式使片区连通，从微空间出发到整条街巷或河道再到公共空间进行连通提升[①]，充分拓展线性连接、立体开放的聚落景观空间形态（图 7-16）。

① 胡青宇，张宇，史超然 . 乡村聚落景观节约型设计策略探索 [J]. 中国园林 ,2020,36(1): 31–36.

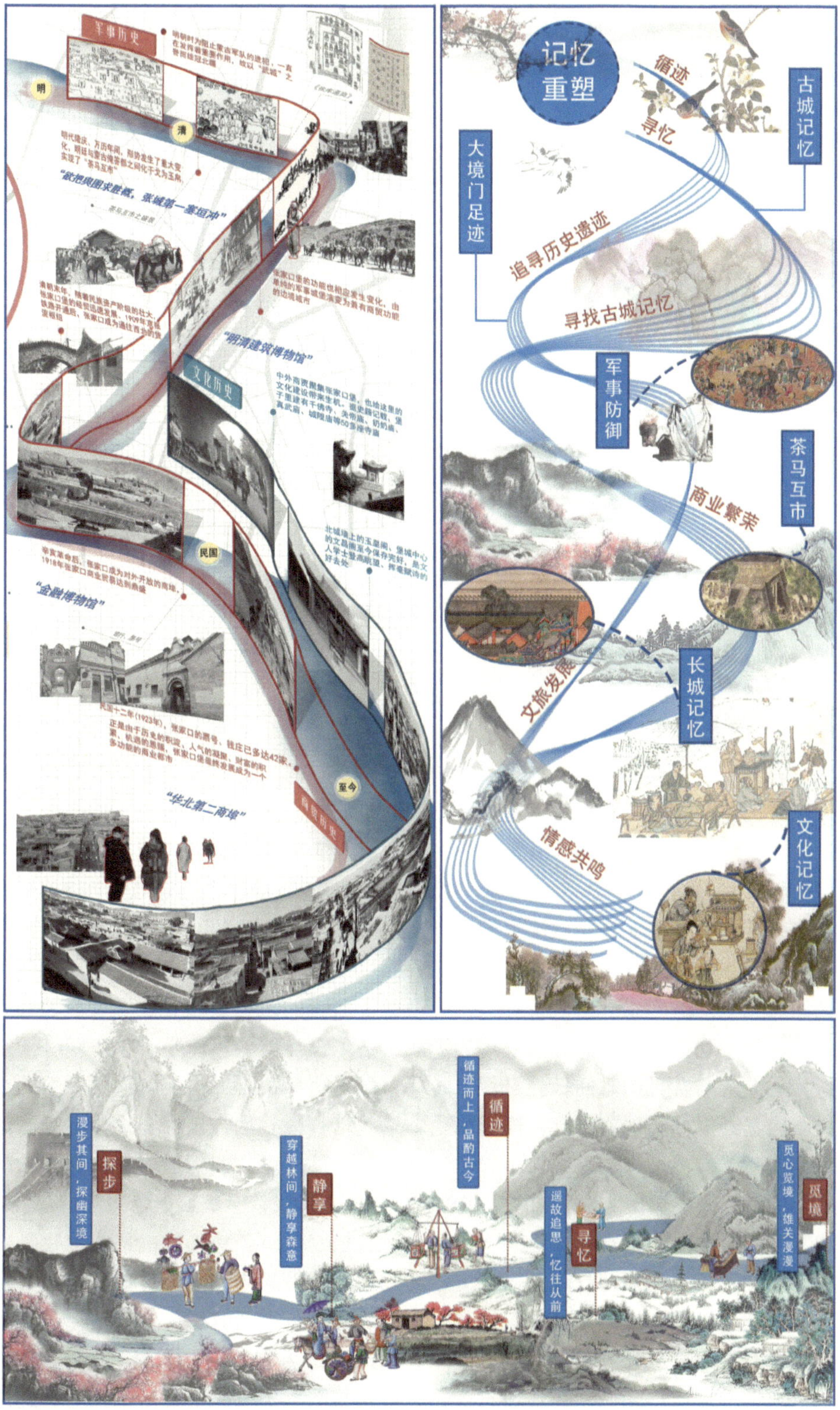


图 7-16　景观叙事空间分镜（作者绘）

# 第六节

## 增强语境织补的体验——长城聚落景观空间的叙事设计表达

长城聚落景观的叙事设计表达需要通过整合自然生态环境——叙事全局、完善空间景观格局——叙事架构、关联重要叙事节点——叙事点核、统筹景观设施风貌——叙事廊道、再现人文脉络特征——叙事簇群等策略在景观实践层面完成故事的表达和叙述，最终促进人、地、景的整体复兴。

### 一、整合自然生态环境——叙事全局

围绕叙事主题，形成完整的故事线。长城国家文化公园串联起众多的行政区、民族聚居区、地方文化系统以及各种类型的自然资源，是文化资源富集带、生态屏障保护带、游憩空间生产带。应保护长城与聚落遗产在实体、空间、文化和生态上的关联关系，统筹推进长城文化遗产保护和生态环境修复，建设长城生态公园链，将长城打造成连续的、充满活力和生活感的生态景观区域（图 7-17）。长城聚落遗产本体可视范围的景观风貌管控对遗产整体风貌特征的延续尤为重要，实施建设用地总量控制、总量减量，建成区存量盘活、非建成区控制增量，有序放活流量，不断提高聚落空间节约、集约利用水平。力图保护聚落空间组织方式和代表性的生产、生活方式以及地域性文化特征，构建纵向分级、横向分类的长城聚落遗产景观风貌管控体系。山脉及河流的形势影响着长城聚落的选址、格局及形态，其景观语境中自然生态环境的形成不是一蹴而就的，而是一种在既有景观基础上添加其他形式与含义的时间积淀过程。时代背景的更替决定柔性配置递进关系的自然生态环境结构是其重要实现方法，从而形成生态景观培育范式的合理性与文化性；聚落功能频繁转换促成了文化遗产类型综合多样的特征，与自然资源共同组成丰富的文化景观综合体。根据生态植物生长量充分考虑过程中的密度控制，形成符合长城聚落景观特征的“层模型”和复合混交的群落景观模式，并实施乡土适生植物群落结构形成的核心植物种群，从而最大限度地提高地方绿植景观的辨识度。同时，生产性景观作为一种兼具农业种植功能和景观审美效应的景观模式，在长城聚落景观营造中，可以适时引入符合节律的本土经济作物作为生态景观的营造素材，与场所空间、民居界面、小品构筑相结合，为游客提供艺术性、可参与性的种植体验，从而形成长城文化景观与聚落田园生活的持久共生。此间，以游步

道将自然风光与长城、烽燧等资源相链接，设置观景平台、休息座椅等服务设施，重构兼具生态、生产与生活景观系统层状叠加的复合性游览叙事全局线路（图 7-18）。

## 二、完善空间景观格局——叙事架构

叙事的架构有赖于政策性安置引导核心保护空间与新生空间的有序组织和有机隔离。传统空间保持紧凑内聚发展的肌理与空间的“原生性”“真实性”，强调功能布局优化和保护性调整，保留传统的生活习惯和风俗习惯。长城聚落空间景观格局培育表达的不是一种结果，而是在时间维度中历史、现状和未来融合的历时整治。长城聚落文化旅游发展也不是简单的要素叠加，而是在大纵横格局下通过长城聚落所蕴含的文化价值与内涵融合，构建主题链、文化链、价值链和业态链，进而推动区域文化复兴和聚落重塑。其中，景观轴带的整合设计在空间景观格局的叙事架构中最为重要，如何利用空间跨度较短的距离形成具有浓厚历史韵味的景观轴带则最为核心。针对长城聚落整体环境，应通过打造覆盖更广、内容更多、效益更高的交通网络，充分发挥辐射作用形成长城国家文化公园各节点聚落核心保护、建设控制及环境协调区的有效链接，提前预留迭代更新接口，保障区域的可进入性。针对长城聚落内部环境中呈网格状排布的重要交通干道和街道景观空间，应更新两侧建筑界面、置换建筑使用功能，形成丰富的文化业态。其间，在增加的街道开放空间中设置游艺性强、参与度高的景观广场、设施、绿地及小品，提升沿岸空间的整体品质，增强可达

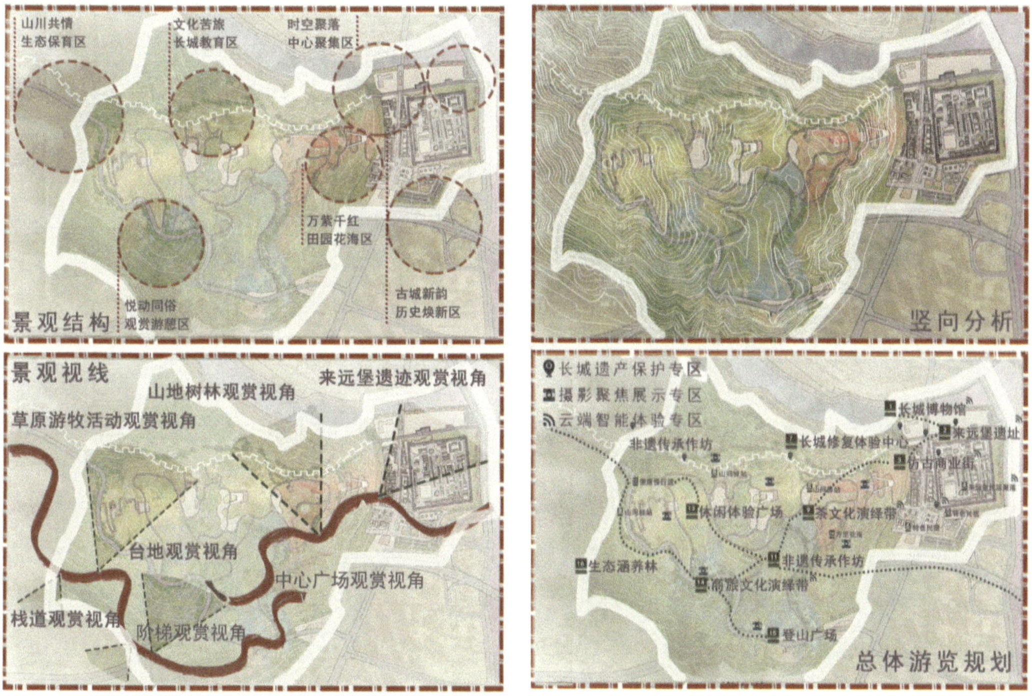


图 7-17　生态景观叙事区域（作者绘）

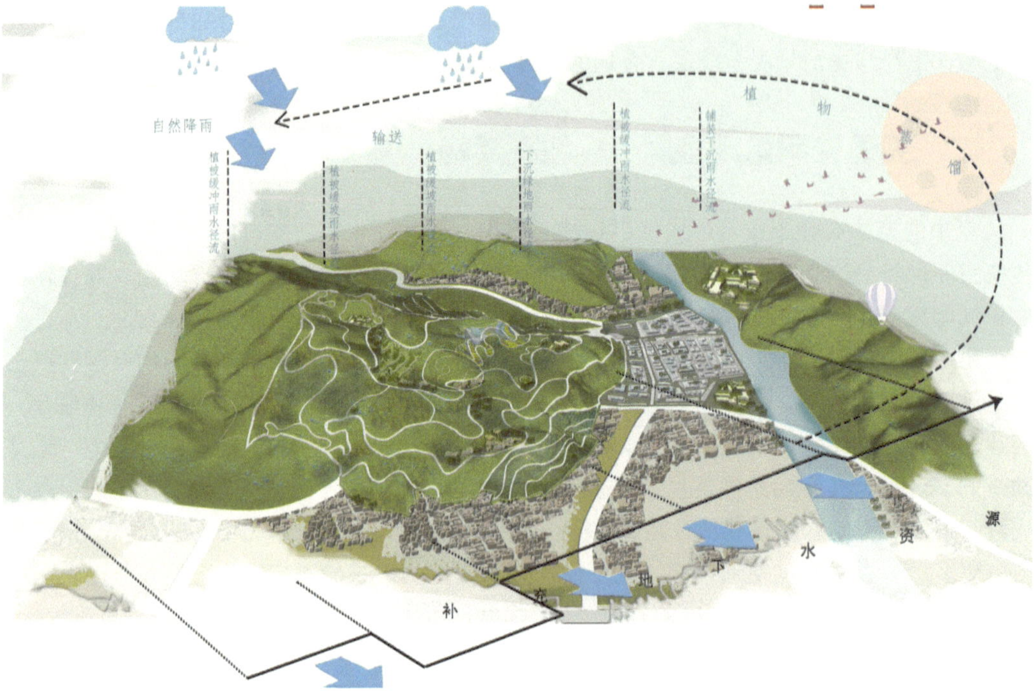


图 7-18　叙事景观全局（作者绘）

性与活动的多样性。建设游览廊道，从视觉和心理上突出空间的引导作用，从而打造兼具行进、停留、游憩等功能的连续式长城聚落街巷空间景观，由此，获得叙事性功能复合的特色区间、点段的景观风貌。再结合现代创意文化产业，构建出长城文化主题展示系统，共同构成长城聚落的文化名片、主题和品牌（图 7-19）。另外，重塑城垣形制、空间视廊、历史街区以及点状分布的文物保护单位和历史建筑等并将其串联起来，进而展现、重现长城聚落景观的独特风貌和形象。依托品牌效应产生更高的旅游空间体验感，从而提升聚落的历史人文和旅游价值，确立长城聚落景观叙事架构区段在长城文明史上的地位。

## 三、关联重要叙事节点——叙事点核

点状叙事空间作为叙事空间的基本叙事单元，把属于城市的个性故事区别开来，是城市、城市空间最好的标签。聚落空间网络结构中连续性的交接点，呈现明显的中心聚集性和标志性，占据或统领一定的空间领域，是聚落故事的发生场所、生活形态的主要载体、空间的趣味所在或景观要点。其作用在于承载物化的历史、文化、记忆场景。关联重要叙事点核以重要节点为核心进行空间集聚，结合周边资源由点带面逐步促进长城沿线城镇、乡村的复兴与繁荣。长城聚落的重要叙事节点主要包括以单体形式存在的历史建（构）筑物和以片区形式存在的历史街区。长城聚落包括城垣、城门、烽燧、建筑设施等节点性构成要素，保存较好的城垣、城门经修缮加固，结合马道、垛雉、敌台、敌楼等直观展示城堡的防御

改造意向

图 7-19　叙事景观架构（作者绘）

模式，而保存较差的可保留原状，结合文字介绍展示内部结构及营建工艺，此外，对于不同的聚落形态和城垣走势，也可结合长城文化背景分别介绍建设历程、战略位置、屯兵规模、重要事件等相关知识信息（图 7-20）。对于公共建筑，在恢复其原有使用功能的同时，也可结合布置与聚落历史文化相关的主题展览，也可结合当地民俗文化进行演出。其中，庙会场所是聚落最具有代表性的文化空间，既有庙会发生环境、地点、场所、器物等物质形态要素，也有周期性行为、观念、习俗精神等非物质文化要素，兼具宗教仪式与大众心理、商贸活动与生活习俗、文化事件与娱乐精神等文化维度。对于文化资源漏杂，文化碎片散落的传统聚落，只有在文化资源整合的分区上进一步将聚落划分为若干节点区域，通过对特色文化的提炼，形成鲜明的文化主题区域，如历史、民俗、族群、商业、名人等文化主题，才能使整个地区摆脱在文化定位上模棱两可的状态，从而增加文化活动机会，强化历史氛围、教育意义和对于环境的认同感，形成人、环境、文化互相交融的场所（图 7-21）。在建筑密集地带，历史风貌保存较好，要注重保护与修复历史建筑群、强化原有文化设施的职能、营造独特的文化特色和完善周边的配套服务设施，同时衔接交通路线形成良好的空间感（图 7-22）。

## 四、统筹景观设施风貌——叙事廊道

线状叙事廊道以显著的方向性及序列性成为城市叙事空间的具象体验途径。聚落历史发展的脉络特点决定了其叙事空间往往表现出依托轴线发展的趋势，且叙事要素随历史推进在空间上不断叠加。“‘传承’线索与‘功利’线索双线交织并行的空间组织体系。‘传承’线索强调聚落空间结构的人文品质和历史价值保育功能，将多元历史情境元素置于延续时空中以特定逻辑秩序组织场景；‘功利’线索强调新街巷设计融入原有的历史肌理中，注重展示性、参与性，依照场地叙事发展、游客注意力和关心程度对历史场景进行合乎逻

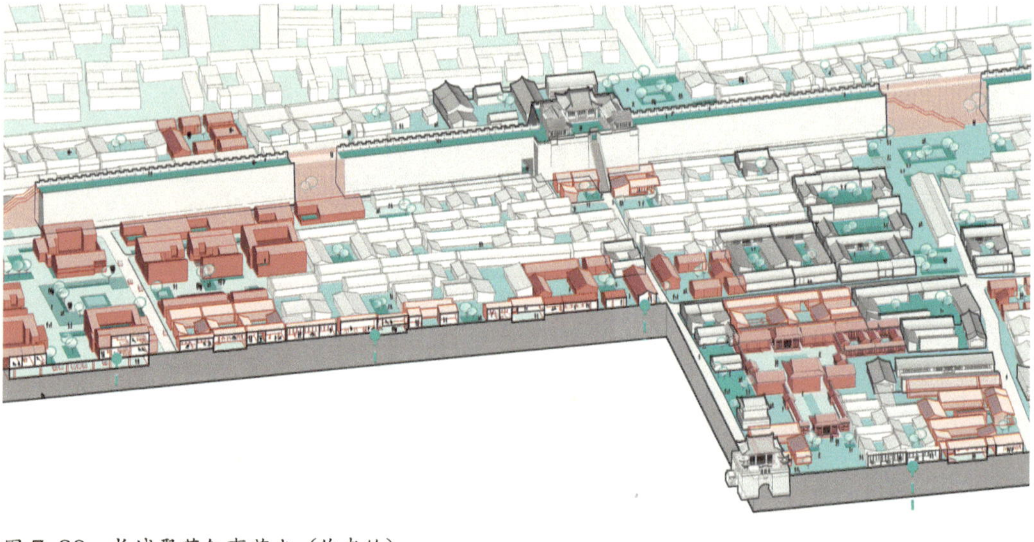

图 7-20　长城聚落叙事节点（作者绘）

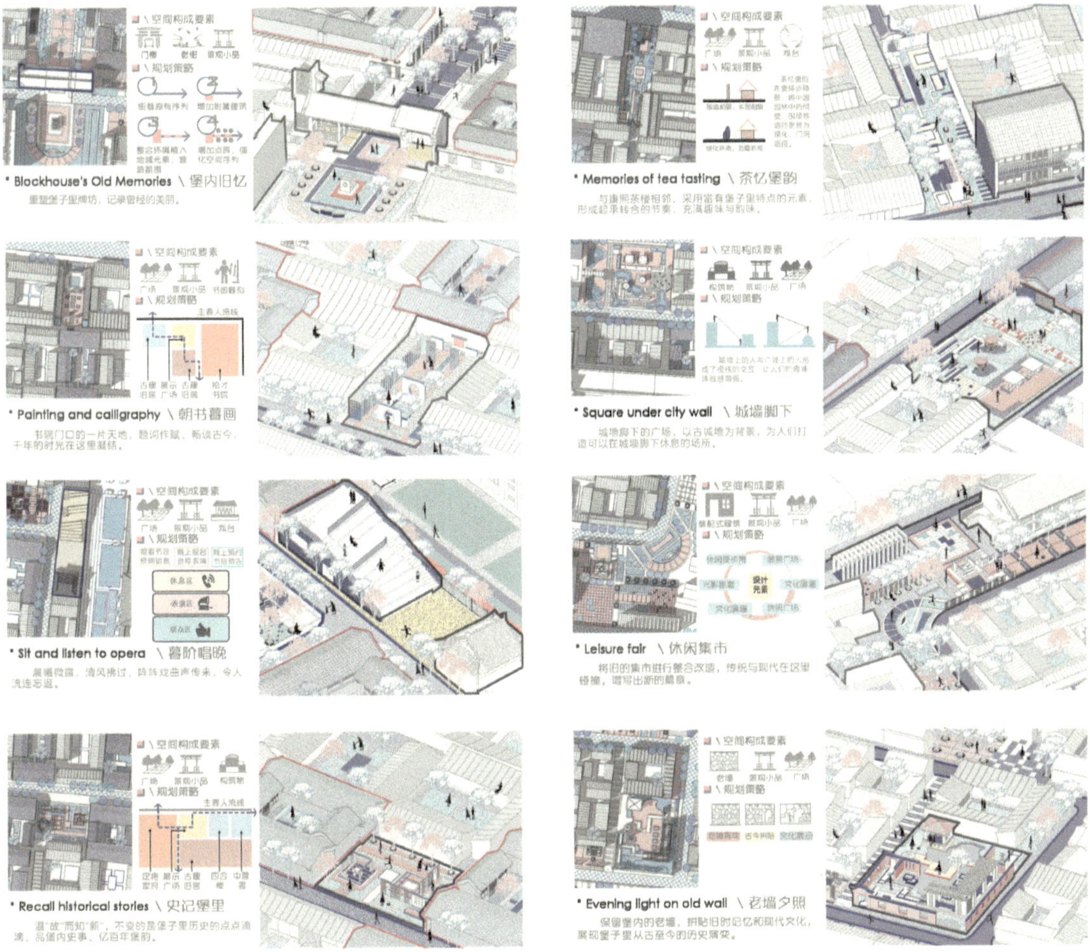


图 7-21　叙事节点载体设计（作者绘）

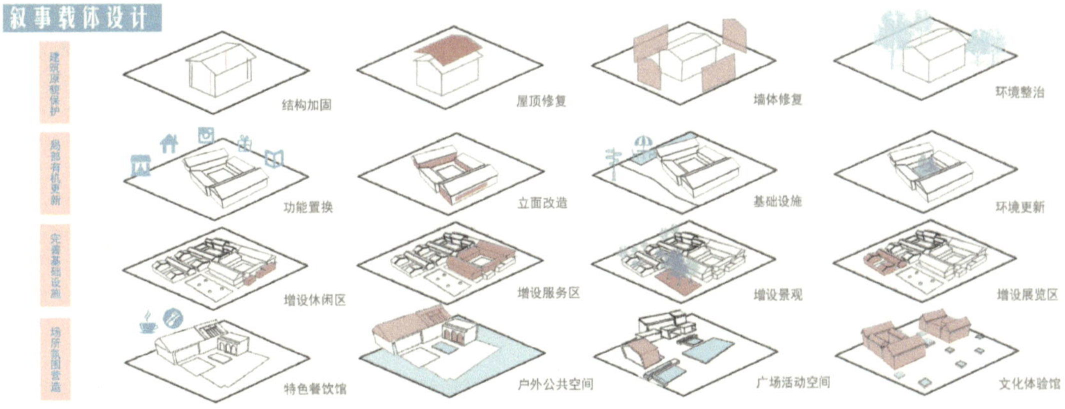


图 7-22　关联重要叙事节点（作者绘）

辑的排列组合。”[①]长城聚落景观系统需要维护系统在基础性方面给予支撑，同时，基础设施可促进文化活动和文化消费的发生。在长城国家文化公园的建设中，通过引入文化遗产廊道的方法将长城沿线众多的聚落遗产和丰富的自然景观纳入保护传承、开发利用、文旅融合的框架之中。如以九边重镇为枢纽，蓟辽、宣大、陕西三边为区域建立网状结构，明确长城聚落在区域路径、全域交通和文化线路三个层次中，所具有的国家经略边疆信息载体、沟通边域内外商贸通道、民族文化交流重要途径的功能。通过优化交通线路、慢行系统，维护聚落景观风貌和具有文化意义的景观视廊；强化山川形势对长城墙体、敌台、烽隧等遗存的融合，使人身临其境体验生存环境；对城垣周边环境加强治理和绿化，使二者更好地融为一体，彰显地理环境中的历史存在意义。

古井、古树、碾坊、坝场等景观设施要素不仅是聚落记忆的缩影，更是传统生活方式的印证，因地制宜地结合长城聚落街巷路口、广场节点等公共空间营建茶余饭后的休憩空间，组织出聚落的社会性结构以及人群关联性的叙事方式，既可服务于当地居民，也为外来游客在游览过程中带来良好体验，与民众的必要性、自发性和社会性活动等行为特征及生活方式紧密关联。因此，应从公共空间的分布体系、层次结构、功能组织与使用者的耦合性状态出发进行组织设计，此过程包含着本体化的现状内容和内生逻辑，以及通过布局、层次、序列等要素进行空间构架的系统性修补与延续和通过语境织补所形成的独有场所特质。而在长城聚落景观的设计过程中，“采用低材高用与现代转译的方式挖掘乡土材料的适用性，并达到建造的可实施性、材料的可循环性以及多语言尝试。废弃的传统生活器具等本土景观元素则被转译为小品构筑、艺术装置和盆栽、汀步等，有效地满足了大众追求简洁、返璞归真的情感需求，丰富休闲文化生活的同时提高文化认同感和艺术品位”[②]（图 7-23）。

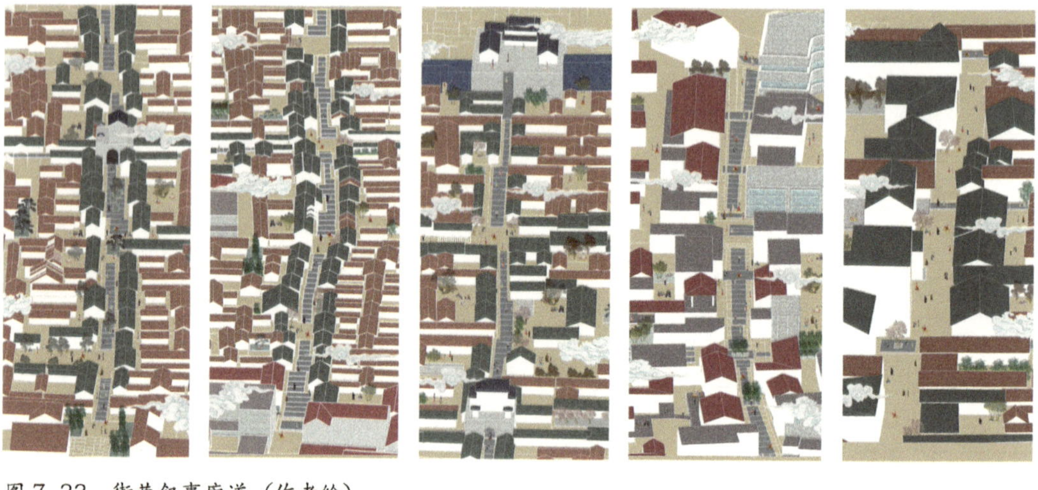

图 7-23　街巷叙事廊道（作者绘）

① 肖薇，朱霞．传统村落叙事空间的蒙太奇重构 [C]// 中国城市规划学会．城乡治理与规划改革——2014 中国城市规划年会论文集．北京：中国建筑工业出版社，2014: 10.
② 胡青宇，张宇，史超然．乡村聚落景观节约型设计策略探索 [J]. 中国园林，2020, 36(1): 31–36.

## 五、再现文化习俗脉络——叙事簇群

“叙事簇群由一个或多个相似的叙事空间渲染营造形成地区叙事氛围。”① 米歇尔·德·塞托在《日常生活实践》中认为叙事是日常生活的实践，故事“每天都经过若干地点并把它们组织起来；它们选择地点并把它们联结起来；它们从这些地点中建构出句子和路线。它们是空间的轨迹”②。长城聚落自形成发展至今，在特定的地理环境和形势中，旧有和当下的营建穿插、重叠在一起，共同展示出一幅活的聚落文化图景，非物质的社会生活内容与物质的历史文化遗存结合起来形成完整系统。在重塑、延续长城聚落精神的过程中，空间客体需要相关文化活动主体的存在才能具有意义，《西安宣言——保护历史建筑、古遗址和历史地区的环境》将“文化遗产保护范围扩大到遗产周边环境以及环境所包含的一切历史的、社会的、精神的、习俗的、经济的和文化活动”③。因而既要保护好不可移动的物质文化遗产，又要注意保护与延续存在于聚落内的传统饮食习惯、表演艺术、民俗活动、宗教礼仪、传统技艺和节庆等非物质文化遗产。再现长城聚落的文化习俗脉络，需要通过文化基因保育、克隆、嫁接和翻译，找到适合文化基因表达的方式，创造出新的长城文化景观，为当地居民和外来游客提供休闲娱乐和观光体验。其中，主体基因主导长城文化的属性，附着基因对主体基因特性有加强作用，变异基因则属于外来元素的强力加入。所以，要依托于聚落文化资源网络的架构，使特色的文化基因真正融入聚落生活中，通过对文化活动区域和节点的规划，将人文历史、商业活动、聚落风貌、文化创意等活动内容路线串联在一起，形成一种新的文化活动的空间行程和秩序；通过开辟活动路线，以引导性、参与性和景观性使得文化的主题性能够依据特定的结构所体现；同时强调与文化主题区的结合，实现文化主题的连续性，主题区之间通过节点进行转换，保持文化活动的原真性和自由度。对具体的文化载体而言，在特色文化的物质环境节点的建构中，需要对聚落文化进行深层次的思考与挖掘，对其表面的具象形态进行提取，将符号或母题的手法运用到新的物质环境的构建中，通过符号来表达原有的文化信息，体现出原有文化的神韵、审美情趣、传统观念和文化背景。运用场景记忆进行空间场景的设置、场景意境的营造，将聚落的文化内涵通过物态化的形式展现给人们，从而实现长城历史的延续、群体的记忆、场景和片段的演绎，形成满足文化诉求的长城聚落“场所感”（图 7-24）。

---

① 高雁鹏，徐筱菲，修春亮．基于 GIS 的沈阳旧城区叙事空间研究 [J]. 人文地理，2018,33(3): 52–59.

② 塞托．日常生活实践　1. 实践的艺术 [M]. 方琳琳，黄春柳，译．南京：南京大学出版社，2006.

③ 国家文物局．《西安宣言——保护历史建筑、古遗址和历史地区的环境》英文版 [EB/OL].(2005–12–06)[2023–11–01]. http://www.ncha.gov.cn/art/2005/12/6/art_722_110795.html.

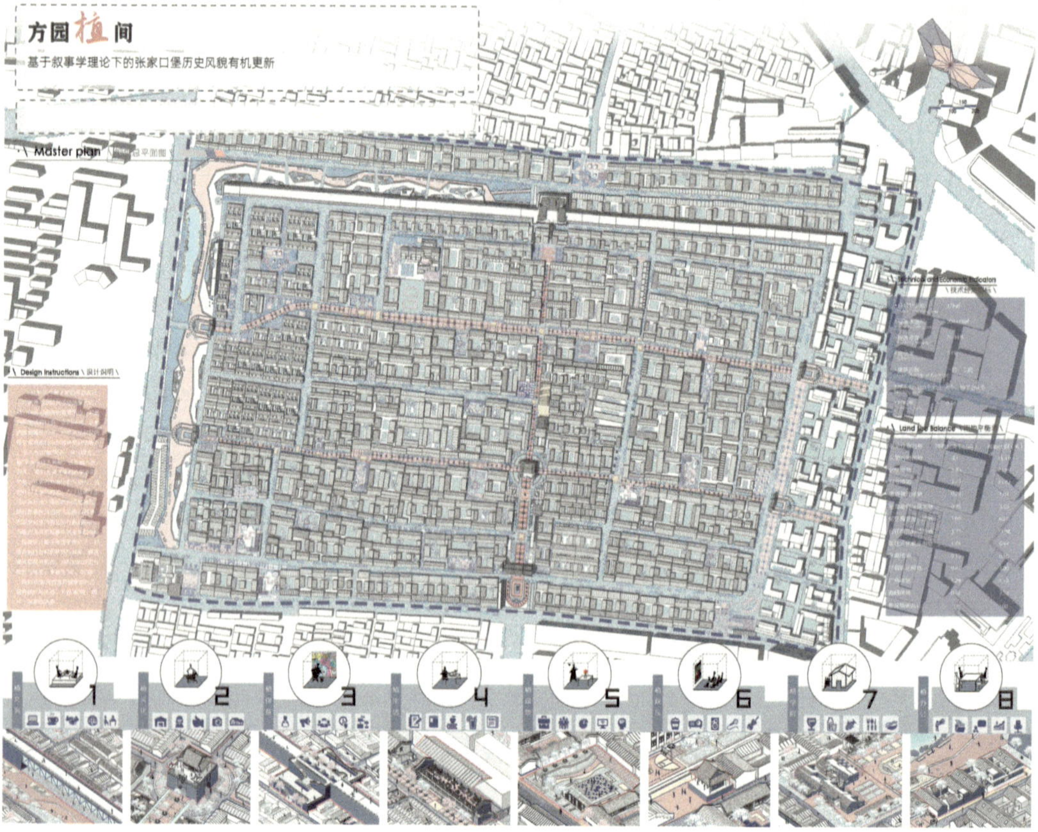


图 7-24　再现文化习俗脉络（作者绘）

# 参考文献

[1] 张松．城市文化遗产保护国际宪章与国内法规选编 [M]．上海：同济大学出版社，2007.

[2] 李冰洁．国家文化公园建设回顾与展望 [N]．人民政协报，2021-01-07(10).

[3] 王磊．基于 GIS 技术的遗产廊道构建研究 [D]．北京：北京交通大学，2012.

[4] 山西文物局．山西省明长城资源调查报告 [M]．北京：文物出版社，2019.

[5] 段友文，张小丁．"长城文化遗产廊道"：边关古村镇整体保护之构想 [J]．山西大同大学学报（社会科学版），2015, 29(3):1-7.

[6] 王杰瑜．政策与环境：明清时期晋冀蒙接壤地区生态环境变迁 [M]．太原：山西人民出版社，2009.

[7] 刘鲁，郭秋琪，吴巧红．立足新时代，探索新路径——"国家文化公园建设与遗产活化"专题研讨会综述 [J]．旅游学刊，2022, 37(8):150-158.

[8] 张祝平．黄河国家文化公园建设：时代价值、基本原则与实现路径 [J]．南京社会科学，2022(3):154-161.

[9] 杨洋，沈涵．国家文化公园研究现状及趋势 [J]．中外文化交流，2022(4):25-28.

[10] 程遂营，张野．国家文化公园高质量发展的关键 [J]．旅游学刊，2022, 37(2):8-10.

[11] 刘海红．长城国家文化公园（宁夏段）：打造彰显中华民族精神永续传承的重要标志 [N]．中国文化报，2022-06-23(8).

[12] 列斐伏尔．空间的生产 [M]．刘怀玉等，译．北京：商务印书馆，2021.

[13] 蒋金桦，张燕．国家文化公园建设背景下长征文旅空间的重构研究 [J]．旅游论坛，2021, 14(6):81-92.

[14] 祁述裕，邹统钎，傅才武，等．国家文化公园建设热中的冷思考：现状、问题及对策 [J]．探索与争鸣，2022(6):4-29+177.

[15] 孟爽．国家文化公园视域下中国陶瓷文化遗址保护与开发 [J]．今日国土，2022(Z1):41-44.

[16] 田鹏颖．加快构建中国话语和中国叙事体系 [N]．光明日报，2021-06-07(2).

[17] 钟香炜，欧国光．上朔村长征驻地遗址修复及景观设计实践 [J]．设计，2021, 34(9):79-81.

[18] 梅耀林，周岚，张松，等．跨区域线性文化遗产保护与利用 [J]．城市规划，2019, 43(5):40-47.

[19] 杨莽华．国家文化公园历史空间的叙事结构 [J]．雕塑，2021(2):50-51.

[20] 钟晟 . 文化共同体、文化认同与国家文化公园建设 [J]. 江汉论坛 ,2022(3):139-144.

[21] 丁家友 , 蔡卓君 , 杨家男 . 国家文化公园的档案基因与档案叙事 [J]. 兰台世界 ,2022(6):26-30.

[22] 胡青宇 , 林大岵 . 聚居的世界——冀西北传统聚落与民居建筑 [M]. 北京 : 中国电力出版社 ,2018.

[23] 国家文物局 . 中国长城保护报告 [EB/OL].（2016-11-30）[2023-10-20]. http:// www.ncha.gov.cn/art/2016/11/30/art_722_135294.html.

[24] 邢亚萍 . 天津长城国家文化公园建设要探索因地制宜、科学创新、融合发展之路 [J]. 中国民族博览 ,2020(24):202-204.

[25] 河北省地方志编纂委员会 . 河北省志·第 81 卷 长城志 [M]. 北京 : 文物出版社，2011.

[26] 徐凌玉 . 明长城军事防御体系整体性保护策略 [D]. 天津 : 天津大学 ,2020.

[27]Council of Europe.European Landscape Convention[EB/OL].(2004-01-03)[2023-10-11] http://www.coe.int/en/web/conventions/full-list?module=treaty-detail&treatynum=176.

[28] 李政 . 固原战国秦长城保护和利用研究——以建设国家文化公园为视角 [J]. 宁夏师范学院学报 ,2022,43(6):100-106.

[29] 许立勇 , 周从从 . 大运河国家文化公园圈层治理研究 [J]. 扬州大学学报（人文社会科学版）,2021,25(5):76-83.

[30] 罗伊 . 长城国家文化公园（宁夏段）标识与阐释体系规划研究 [D]. 西安 : 西北大学 ,2021.

[31] 杨传张 . 国家文化公园建设需厚植乡村文化底色 [J]. 探索与争鸣 ,2022(6):18-20.

[32] 安倬霖 , 周尚意 . 基于地理学尺度转换的国家文化公园文化遗产保护机制 [J]. 开发研究 ,2022(1):20-30.

[33] 黄可润 . 口北三厅志·序 [M]. 台北 : 成文出版社 ,1968.

[34] 陈子龙等 . 明经世文编 [M]. 北京 : 中华书局，1962.

[35] 张廷玉等 . 明史·第八册 [M]. 北京 : 中华书局 ,1974.

[36] 魏焕 . 皇明九边考·卷一 [M]. 台北 : 华文书局 ,1969.

[37] 赵翼 . 瓯北诗话 [M]. 南京 : 江苏凤凰出版社 ,2009.

[38] 王云五 . 清朝文献通考·二册 [M]. 上海 : 商务印书馆 ,1936.

[39] 李允鉌 . 华夏意匠 : 中国古典建筑设计原理分析 [M]. 天津 : 天津大学出版社 ,2005.

[40] 陈寅恪 . 金明馆丛稿初编 [M]. 北京 : 生活·读书·新知三联书店 ,2001.

[41] 王靄 , 刘士铭 . 朔平府志 [M]. 李裕民 , 校 . 北京 : 东方出版社 ,1994.

[42] 张昊雁 , 张玉坤 , 解丹 . 基于分形理论的清代长城外侧城镇格局研究 [J]. 干旱

区资源与环境，2016,30(3):61-67.

[43] 庆之金．蔚州志 [M]. 北京：中国言实出版社，2016.

[44] 胡青宇，史路路．以时空维度建构长城国家文化公园聚落景观叙事体系 [J]. 河北北方学院学报（社会科学版），2023,39(3):61-64.

[45] 吴良镛．人居环境科学导论 [M]. 北京：中国建筑工业出版社，2001.

[46] 何宝善．明实录长城史料 [M]. 北京：燕山出版社，2014.

[47] 张昊雁，张玉坤，刘张毅．消解的边缘：清代长城与漠南城镇空间相关性研究 [J]. 建筑与文化，2016(2):79-81.

[48] 中文大辞典编纂委员会．中文大辞典：第七册 [M]. 北京：中国文化研究所，1970.

[49] 李梦珂．基于“形胜”思想的陕西省历史城镇风景营建研究 [D]. 西安：西安建筑科技大学，2022.

[50] 王树声，石璐，李小龙．一方之望：一种朝暮山水的规划模式 [J]. 城市规划，2017,41(4):81-82.

[51] 段诗乐，林箐．城景互融 —— 银川传统区域风景系统 [J]. 中国园林，2022,38(1):38-43.

[52] 李婉仪．晋中盆地山水城市营造的文化传统与景观理法研究 [D]. 北京：北京林业大学，2020.

[53] 林奇．城市意象 [M]. 方益萍等，译．北京：华夏出版社，2001.

[54] 毛华松，吴映华夏，王雪纯，等．国家文化公园综述——内涵特征、实践进展与理论探索 [J]. 风景园林，2023,30(2):57-64.

[55] 曹磊，韩轶群，李子璇．叙事空间视角下的天津大运河国家文化公园空间格局构建 [J]. 风景园林，2023,30(2):65-72.

[56] 马雪梅，王晶．传统村落古河道与记忆场所耦合机制探索 [J]. 沈阳建筑大学学报（社会科学版），2021,23(4):325-332.

[57]UNESCO. Recommendation on the historic urban landscape[R]. Paris: UNESCO, 2011.

[58] 肖竞，曹珂．基于景观“叙事语法”与“层积机制”的历史城镇保护方法研究 [J]. 中国园林，2016,32(6):20-26.

[59] 田梦瑶，郑文俊，艾烨，等．桂林山水城市历史景观“锚固 - 层积”时空过程解译 [J]. 中国园林，2022,38(3):26-31.

[60] 李瑞振．不断拓宽“让文物活起来”的路径 [N]. 人民日报，2022-05-17(9).

[61] 戴湘毅，姚辉．国际文化线路理念演进及中国的实践 [J]. 首都师范大学学报（社会科学版），2017(1):78-87.

[62] 霍丹． 辽东古驿道文化遗产整体性保护研究 [D]. 大连：大连理工大学，2020.

[63] 李娜． 内蒙古大召寺建筑遗产价值研究 [D]. 呼和浩特：内蒙古工业大学，2020.

[64] 王辉．五龙庙环境整治设计的理论性思考 [J]. 世界建筑，2016(7):110-114+127.

[65] 长城、大运河、长征国家文化公园建设保护规划出台 [N]. 人民日报，2021-08-

09(1).

[66] 杨松．黄河文化遗产构成及价值评价研究 [D]. 济南：山东建筑大学，2023.

[67]Potteiger M，Purinton J. Landscape narrative: Design practices for telling stories [M]. New York: Ohn Wiley & Sons Inc.，1998.

[68] 常思敏．传统与现实生活 [J]. 哲学研究，1995(2):3-9.

[69] 胡青宇，史路路．地域交叉与民族传承——冀西北乡土民居的类型学建构思辨 [J]. 美术大观，2019(5):94-95.

[70] 李一鸣． 基于叙事空间理论的大鹏所城保护和利用策略研究 [D]. 哈尔滨：哈尔滨工业大学，2022.

[71] 王秀伟，白栎影．大运河国家文化公园建设的逻辑遵循与路径探索——文化记忆与空间生产的双重理论视角 [J]. 浙江社会科学，2021(10):72-80+157-158.

[72] 国家文物局．国际古迹保护与修复宪章 [EB/OL].（2017-11-16）[2023-11-15]. http://www.ncha.gov.cn/art/2007/10/28/art_2303_42819.html.

[73] 孙华．国家文化公园初论——概念、类型、特征与建设 [J]. 中国文化遗产，2021(5):4-14.

[74] 雅各布斯．美国大城市的死与生 [M]. 金衡山，译．南京：译林出版社，2006.

[75] 刘立早． 蓟县古城城市设计对策研究 [D]. 北京：清华大学，2012.

[76] 赵益捷． 呼和浩特城市历史空间发展研究 [D]. 包头：内蒙古科技大学，2021.

[77] 胡青宇，林大岵．从客体图录到主观认知——乡土民居测绘课程的教学指向与当代思考 [J]. 装饰，2019(4):84-87.

[78] 国务院办公厅．国务院办公厅关于加强我国非物质文化遗产保护工作的意见 [EB/OL].（2008-03-28）[2023-11-20].https://www.gov.cn/zhengce/content/2008-03/28/content_5937.htm.

[79] 文化和旅游部．文化和旅游部关于推动非物质文化遗产与旅游深度融合发展的通知 [EB/OL].（2023-02-17）[2023-11-01].https://www.gov.cn/zhengce/zhengceku/2023-02/22/content_5742727.htm.

[80] 涂俊． 庙会文化与空间形态研究 [D]. 西安：西安建筑科技大学，2017.

[81] 林尚立．重构中国城市治理体系：现代城市发展与城市治理对话——复旦大学林尚立教授访谈 [J]. 南京社会科学，2013(6):1-7.

[82] 林玲，赵顿，汤婷婷．乡村公共空间的叙事设计研究 [J]. 黑龙江粮食，2021(11):123-125.

[83] 刘庆柱，汤羽扬，张朝枝，等．笔谈：国家文化公园的概念定位、价值挖掘、传承展示及实现途径 [J]. 中国文化遗产，2021(5):15-27.

[84] 胡青宇，张宇，史超然．乡村聚落景观节约型设计策略探索 [J]. 中国园林，2020,36(1):31-36.

[85] 肖薇，朱霞． 传统村落叙事空间的蒙太奇重构 [C]// 中国城市规划学会．城乡治理与规划改革——2014 中国城市规划年会论文集．北京：中国建筑工业出版社，2014.

[86] 高雁鹏，徐筱菲，修春亮．基于 GIS 的沈阳旧城区叙事空间研究 [J]. 人文地理，2018,33(3):52-59.

[87] 塞托．日常生活实践 1. 实践的艺术 [M]. 方琳琳，黄春柳，译．南京：南京大学出版社，2006.

[88] 胡青宇，林大岵，李磊，等．长城国家文化公园聚落景观叙事关联框架与时空隅合研究——以张家口堡为例 [J]. 河北建筑工程学院学报，2023,41(3):74-80.

[89] 国家文物局．《西安宣言——保护历史建筑、古遗址和历史地区的环境》英文版 [EB/OL].（2005-12-06）[2023-11-01]. http://www.ncha.gov.cn/art/2005/12/6/art_722_110795.html.

[90] 董耀会． 长城：追问与共鸣 [M]. 秦皇岛：燕山大学出版社，2019.

[91] 李颖．长城国家文化公园：保护、管理与利用 [M]. 北京：中国旅游出版社，2022.

[92] 董耀会． 长城国家文化公园建设研究 [M]. 北京：研究出版社，2019.

[93] 李严，张玉坤，李哲．长城的整体性研究与数字化实践 [J]. 世界建筑，2022(8):16-21.

[94] 范熙晅．明长城军事防御体系规划布局机制研究 [D]. 天津：天津大学，2016.

[95] 冯君明，李玥，李运远．大同镇明长城军事聚落营建智慧研究 [J]. 古建园林技术，2022(2):31-36.

# 后记

## 生活在长城与景园之间

本书为笔者承担的教育部人文社会科学研究项目（项目批准号：22YJA760030）的资助成果，是在长城国家文化公园建设背景下，通过较为详尽的调查记录与认知体验，寻找散落的典型长城聚落景观，并对其进行的阅读与分析。当前，虽然对于长城国家文化公园聚落景观的保护不可能一蹴而就，利用也难以快速求成；但我们仍然满怀热情地去认知和实践，用身体力行的方式找到现实的切入点深入研究。希望笔者的研究成果，能对长城国家文化公园的建设产生积极作用，能够唤起社会对长城聚落景观的关注和责任。

本书的研究直接指向久已失落的长城家园，不仅弥补了笔者还乡梦破灭的遗憾和失落，而且成为自身的乡愁象征和慰藉之所，也使得潜藏心中多年的梦想逐渐变得清晰，重新回到了长城聚落景观文化的源头。当然，保护与利用不仅仅局限于艺术审美的情趣之中，而是一种综合性的实践行为，乃至一种社会运动。当代设计的介入不应只停留在设定问题的阶段，而应积极参与和寻找解决问题的途径。在此，我们基于长城聚落景观形态尝试建构一种“叙事复兴”的理论来实施保护和利用计划，以此说明如何在高速城市化时期找寻出切实可行的景观设计策略与方法。虽然，本书的研究只是对目前长城聚落景观状态的一个折射，但可以肯定的是，其在特定意义上具备一定的普遍性和典型性。

在课题研究和书稿撰写过程中，得到了东南大学博士生导师程万里教授、北京林业大学正高级工程师闫荣教授的悉心指点和帮助。同时，河北北方学院艺术学院 2023 级硕士研究生孔亦心，环境设计专业本科生刘灵芝、马秀君、王伯篪、崔哲峰，以及河北建筑工程学院建筑学院 2022 级硕士研究生刘彦希、孙智倩、王若男、张奥杰，2021 级硕士研究生董骏，2019 级硕士研究生禹花宁，风景园林专业本科生胡东旭、杜雪莹、马辰旭、孟祥一、王舍、卢征然、马芸萃、王嘉鸣，城乡规划专业本科生张慧慧等同学付出了辛勤劳动，使前期研究的数据收集和图示整理工作得以顺利完成，其中部分成员已经毕业工作，在本书即将付梓之际，我很思念他们。

最后，竭盼有关专家、师长和学友予以赐教指正。

胡青宇
二〇二三年孟冬